走近青海省自然资源

寻花问兽 探秘自然

张钟月　黄朝晖　主编

青海人民出版社

图书在版编目（CIP）数据

走进青海省自然资源. 2，寻花问兽，探秘自然 / 张
钟月，黄朝晖主编 . -- 西宁 ：青海人民出版社，2024.
12. -- ISBN 978-7-225-06713-1

Ⅰ. X372.44-49

中国国家版本馆CIP数据核字第2024ZB4856号

走进青海省自然资源

寻花问兽，探秘自然

张钟月　黄朝晖　主编

出 版 人　樊原成

出版发行　青海人民出版社有限责任公司

西宁市五四西路 71 号　邮政编码 : 810023　电话 : (0971) 6143426 (总编室)

发行热线　（0971）6143516/6137730

网　　址　http://www.qhrmcbs.com

印　　刷　青海雅丰彩色印刷有限责任公司

经　　销　新华书店

开　　本　880mm×1230mm　1/16

印　　张　8

字　　数　80 千

版　　次　2024 年 12 月第 1 版　2024 年 12 月第 1 次印刷

书　　号　ISBN 978-7-225-06713-1

定　　价　120.00 元（全 2 册）

目　录

一、高寒生物的乐园

（一）特殊的自然环境

独特的地理位置

青藏高原是世界上最年轻的高原，也是海拔最高的高原，有"世界屋脊""地球第三极""亚洲水塔"之称。它西起帕米尔高原的东部，东至秦岭山脉，与黄土高原、四川盆地相接，最远抵达横断山脉，北起昆仑山、阿尔金——祁连山，南接喜马拉雅山脉南缘。

高原平均海拔约4000米，东西长约2700千米，横跨31个经度，整体地势西高东低，自西北向东南倾斜。南北宽达1400千米，纵贯13个纬度，拥有约308万平方千米的广袤地域。我国位于高原的国土面积约258万平方千米，占陆地国土面积的1/4。

青海省位于青藏高原的东北部，面积72万平方千米，这里有横空出世莽昆仑、中国湿岛祁连山、雪域神山唐古拉、中华水塔三江源，被誉为"万山之宗""江河之源"。

昆仑山东段雪山

环境之"极"

青藏高原是"山之极"，坐拥全世界14座海拔超过8000米的山峰，包括世界第一高峰——海拔8848.86米的珠穆朗玛峰，拥有着绝大多数海拔7千米级和数不尽的千米级山峰。

青藏高原是"冰之极"，有非常丰富的冰川资源，是除南北极之外全球最大的冰川作用中心、中国现代冰川集中分布地区，是高山之巅的冰雪国度。高原现代冰川主要分布在阿尔金山、祁连山、昆仑山、喀喇昆仑山、念青唐古拉山、唐古拉山、喜马拉雅山、冈底斯山、横断山等各大山脉。

高原冻土发育十分广泛，是目前世界上中低纬度厚度最大、面积最广的多年冻土区，其中多年冻土连续分布于高原中部和北部。青藏高原是中国的重要碳库，千百万年来，这片巨大的碳库始终沉睡在广袤的冰川和冻土中。青藏高原多年冻土中存储了约370亿吨的有机碳，占青藏高原土壤总碳库的60%以上。

青藏高原是"水之极"，庞大的冰川、湖泊让青藏高原化身为一座平均海拔4000米的"超级水塔"。除了长江、黄河、澜沧江，这里还是雅鲁藏布江、印度河、恒河等大江大河的发源地，维系着中国以及东南亚、南亚三十亿人的用水安全。

小提示：

冻土的作用和功能

多年冻土影响地表与大气间能量、水分等的交换，是区域气候系统的重要一环，深度参与碳循环。

多年冻土的变化导致地下冰的冻融，并作为隔水层影响径流、潜流，参与区域水循环。

多年冻土作为浅层隔水层控制潜水水位和地表水分状况，是决定高原植被类型的关键要素之一。

冻土区地表强烈的冻融作用塑造地表形态，形成多种冰原地貌，造就独特的地质景观。

多年冻土的冻胀与融沉影响工程地基的稳定性，对建筑、交通等工程设施造成危害。

小提示：

　　青藏高原湖区共有大小湖泊1500多个，其中，面积1平方千米以上的湖泊1091个，面积44993.3平方千米，大于10平方千米湖泊有346个，总面积为42816.10平方千米，约占全国湖泊总面积的49.5%。该区湖泊以咸水湖和盐湖为主，著名的湖泊有纳木错、青海湖、察尔汗盐湖、鄂陵湖等。

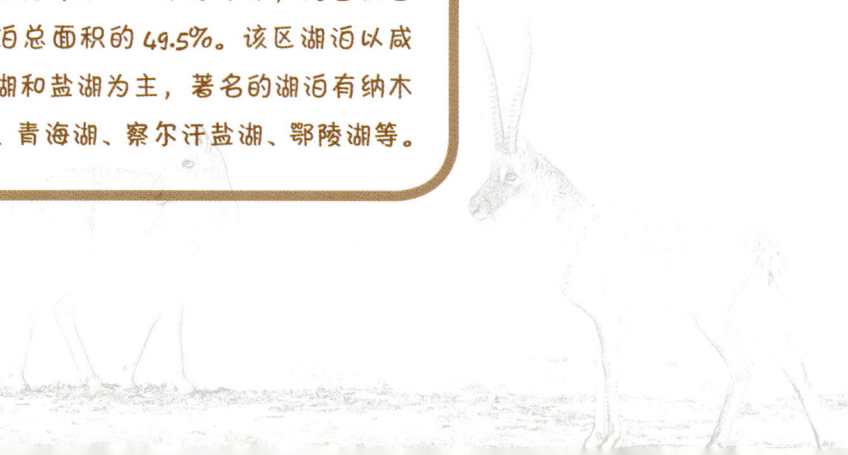

高原水系——黄河

青藏高原是"气候之极"，这里昼夜温差大，日照辐射强，氧气浓度低，平均含氧量仅有平原地区的60%左右，气候干燥。

这片神奇的高原是"高寒生物之极"，诞生了无数神奇的生命，谱写着生命之美的绚丽篇章。

（二）丰富的生物多样性

　　近千万年来的强烈隆升让青藏高原形成了独特的地理环境。高耸的山脉、雄伟的冰川、辽阔的草原、深厚的冻土、星罗棋布的湖泊、蜿蜒曲折的河流排列组合形成了高原丰富的自然环境，可谓苍茫与大美共存，荒寂与宝藏同生，碧湖与黄沙辉映，雪峰与草原相连。

高原生态系统——高寒草甸草原

高原动物——黑颈鹤

【热带动物的乐土】

　　青海省自然资源博物馆地球科学展厅"生命起源"单元陈列着一块在青海湖南畔共和盆地发现的长达2米的黄河象牙化石，游客朋友们惊讶地发现，在今天青藏高原的腹地，存在许多诸如此例的热带动物化石。

　　今天的高原以其干旱、寒冷、缺氧、缺水而著称，可是至少6000万年前，在喜马拉雅山脉还没有快速隆起时，印度洋暖湿气流能够畅通无阻地北上，尚未完全隆升的地体为三趾马、铲齿象、黄河象等热带动物提供庇护所。转折发生在中新世，2400万－1500万年前，喜马拉雅山快速隆升，海拔超过5000米，成为青藏高原和世界的最高山脉。由于喜马拉雅山脉的阻隔，印度洋暖湿气流无法继续北上，大量降水集中在藏南，而高原内的热带动物则迎来了灭顶的灾难。

【冰期动物的摇篮】

　　然而，青藏高原生物们坚韧的毅力仿佛与生俱来，面对这骤然剧变、难以生存的环境，它们再一次选择与命运抗争。

　　千百万年以来，高原成为山地物种重要的繁衍与分化中心，高原生灵演化出"土著物种—本土起源、本土起源—走出高原、途经高原—洲际扩散"三种生存模式，高原成为山地物种重要的繁衍与分化中心。大约 500 万年前，青藏高原几乎已经达到了现在的海拔高度，并孕育了一大批适应寒冷的哺乳动物，包含北极狐、布氏豹、披毛犀等。200 多万年前，第四纪冰期来临，一些练就了抗寒本领的动物走出高原，扩散到世界各个地区，高原因此成为冰期动物的摇篮。

　　如今，高原分布高等植物 13000 余种，陆栖脊椎动物 1047 种，其中特有物种 281 种，诸多生灵在这充满着未知与挑战的高原求生。

二、"魔法高原"的植物

（一）生存智慧

高寒山地植物的智慧

全球生态环境中，高寒山地环境被认为是最极端的环境之一，低温、强风、强紫外辐射、昼夜温差大是主要的气候特点。恶劣的生存环境一定程度上限制了植物的生长和分布，然而，这里并非植物的"生命禁区"。植物依靠自身的智慧，在这极端的环境中繁衍生息。因而，高寒山地环境被许多科学家称为"大自然的实验室"，是研究逆境植物适应进化机制最理想的场所。

小果雪兔子

鼠曲雪兔子

星状雪兔子

水母雪兔子

高寒山地环境

穿"裘皮大衣"的雪兔子

雪兔子是菊科风毛菊属的植物，和我们耳熟能详的雪莲是近亲，多生长于雪线附近的高山流石滩。据统计，自然界共有42种雪兔子，国内分布39种，22种为中国特有。

流石滩上，雪兔子特别显眼。它们的植株看起来毛茸茸的，像是一团团的雪球，远远望去，又像是一只小兔子静静卧在地面。

水母雪兔子生境

雪兔子中最常见、最出名的莫过于水母雪兔子。水母雪兔子有个细长的茎，从基部到顶端长着茂密的叶片，叶片微微向内卷曲、向下反折，可以减少蒸腾作用。叶片两面被（bèi 覆盖）稠密的白色长棉毛，像是穿上了"裘皮大衣"。

　　这样的结构有啥作用呢？要想在雪线附近生存，保暖是第一要义。带有厚实棉毛的叶片反折重叠，紧密交织，紧紧包住植株，宛如搭了个"帐篷"，这样可以减少紫外线的灼伤，起着储存热量、保持温度的效果，同时还可以降低气温骤变（如清晨积雪融化、高原强劲冷风袭来、突降大雨等）带来的影响，具有良好的热量缓冲作用。这样，植株不断积聚热量，有利于稚嫩的花正常发育。花朵苞片也被棉毛，棉毛既可以保温，还可以降低雨水对花粉的冲刷和破坏，最大限度提高种子成熟的成功率。

水母雪兔子绒毛

苞叶雪莲　　　　　　　　　　　　　　水母雪兔子

小提示：

　　水母雪兔子与雪莲同属于风毛菊属。武侠小说里，雪莲有起死回生、美容驻颜的功能。由于是近亲，近年来有些不法分子采摘雪兔子假冒雪莲贩卖。其实，二者具一定差异。雪莲的最上部叶渐变为苞叶状，称为"苞叶"，膜质，淡黄色，包围总花序，边缘有尖齿，看照片也能一下子区分开。实际上，雪莲、雪兔子没有特别神奇的药效。

塔黄是蓼科大黄属的植物。当高原上大多数植物"放低身姿"，贴近地面、匍匐生长时，塔黄却冲出地面，平均高度达到 1.5 米，远远看去就像一座黄色的巨塔，成为高原难得一见的风景。

但是，开花前的塔黄依旧以匍匐状态生长，贴近地面的叶片呈长圆形，像人们熟知的大白菜。积聚多年的能量后，塔黄便会伸出约1米的巨大花序。有意思的是，高高挺起的黄色部分并不是它们的花瓣，而是苞片，真正的花朵被包裹在里面。

　　苞片是特化的叶片，电镜下观察，苞片里叶绿体少且结构不完整。叶绿体是光合作用的主要场所，可以想象，苞片的光合作用比较弱，不能为花朵提供额外的能量。那么，苞片有何作用呢？仔细看，苞片呈淡黄色、半透明状，每片向下翻卷，像温室大棚的塑料膜。苞片为塔黄建立了个"温室"。测量发现，塔黄苞叶内部温度比同时期气温高了10℃左右，"苞片塑料膜"创造出一个温室环境，促进内部花朵的发育。研究发现，去除苞片后，塔黄花粉的结构、大小等指标发生变化，花粉质量、数量下降，说明苞片对植株生殖发育起到重要的保护作用。

蕈蚊苞片产卵

苞片还有另外一个特别重要的作用，吸引传粉者。塔黄小小的、绿色的花朵对于昆虫来说毫不起眼。但是，层叠的苞片巨大而艳丽，太阳光照射下像巨大的反光镜，极易吸引传粉者，如蕈（xùn）蚊。**蕈蚊**前来传粉的同时，也将塔黄作为庇护所。**雌性蕈蚊**把卵产在苞叶里，孵化后的幼虫啃食种子生长，最后爬出苞叶钻入石缝中化蛹越冬，第二年羽化为成虫，再为塔黄传粉。塔黄通过损失 1/3 左右的种子来换取 98% 结果率，这种种子寄生性传粉互利共生关系体现了大物种对高山环境的适应。

小提示：

塔黄一生只开一次花，开花则意味着生命结束。塔黄多久开一次花？有研究指出，喜马拉雅山脉野生的塔黄平均开花时间为 33.5 年，能在高原上看到塔黄开花也是一件幸事。

蕈蚊交配

藓状雪灵芝

像"毯子"的垫状植物

"垫状植物"是具有球形或半球形表面植物的总称。这些植物具有一条粗壮而结实的主根，深扎地底，小枝紧贴地面向外辐射生长，形成紧密簇生的球形垫状结构。远远看去，垫状植物一团一团的，犹如绿色的"地毯"。

多枝黄芪

团垫黄芪

垫状点地梅

面对恶劣的生长环境，垫状植物有一套适应环境的方法。

1. 垫状植物紧贴地表，**植物体密实有韧性**，可以减少冰雹冲击、大风吹刮的影响。

2. 垫状植物内部小枝密集，分枝之间覆盖枯叶，形成一个理想的热量捕捉器，具有良好的聚热和热量缓冲作用。研究发现，垫状植物表面温度比同时期的气温高 10℃；当气温变化剧烈时，垫状植物内部的温度变化幅度明显低于外界环境。

3. 垫状植物内部密实多孔，是一个良好的水分存储器。它们可以充分吸收少量降水，也能吸收冻土消融时的水分，保存在孔隙中供根吸收。

4. 垫状植物内部积累大量枯叶，枯叶分解产生有机质，为自身的生长繁盛和其他植物的迁入创造了条件。

5. 垫状植物傲寒霜、顶冰雪、抗疾风，是高山严酷环境中的斗士和拓荒者。

与其他一些多年生植物相比，垫状植物的年生长率较小，这是垫状植物长期进化过程中与特殊生境相互作用的结果。研究表明，垫状植物植物体的大小与年龄之间存在很强的正相关性，高原上一株比馒头大的植株或许已经生长了几十年。

花冠会"跳舞"的龙胆

在高原众多的植物中，龙胆科龙胆属植物绝对算得上是最靓丽的物种之一。龙胆属物种数量众多，全球大约有400种，中国约有200种，青藏高原地区的龙胆属种类超过100种，有道孚龙胆、蓝白龙胆、条纹龙胆、西域龙胆、线叶龙胆、蓝玉簪龙胆等，另外还有麻花艽、管花秦艽等。

管花秦艽

蓝玉簪龙胆

蓝白龙胆

道孚龙胆

麻花艽

西域龙胆

龙胆植株大多数都比较矮小，贴地丛生。要想拍好它们，拍摄人员经常要俯身于地面，小心翼翼定焦。花朵娇小，五枚花瓣合生形成筒状，每两个花冠裂片之间连接花冠褶，乍看上去像是十枚花瓣。多数龙胆喜欢在阳光明媚时开放，夜晚、阴雨天气一般是闭合状态，以保存珍贵的热量和水分，降低花粉消耗的数量，保证传粉效率，完成繁衍。

除了晴开雨闭这一特性，有些龙胆花朵被触碰后，会像含羞草一样快速收缩，犹如"跳舞"，直至闭合。科学家发现，假水生龙胆、新疆龙胆、西域龙胆、一个待鉴定的龙胆属植物共4种龙胆，当花冠被触碰后，会在7秒到210秒内收缩，直至呈紧实的花苞状态。天气晴好时，大约20分钟后，花朵再次绽放。如果再次触碰，花冠也会再次闭合，然后再开放。

为什么这些龙胆的花冠会"跳舞"呢？这里，就得提到一种昆虫——熊蜂。熊蜂是众多高山植物的传粉昆虫，它们体型大，适合为较大的花朵采蜜、传粉。但是，熊蜂也是机会主义者，对于一些较小的花朵，熊蜂便会咬破萼筒直接吸食花蜜。这种非正常的方式会破坏花朵的子房，影响植物的种子发育。科学家推测，龙胆花冠的这种闭合可能是一种自我保护机制，这种机制可能是为了避免频繁的熊蜂盗蜜对花冠筒，特别是子房造成伤害。

小小的花朵也蕴藏着大大的智慧，龙胆花瓣如何感知这些触感？如何传递触感信号？又是如何"运动"的？更多的未知等待每一个细心的人去发现，等待科学家去解释。

小提示：

龙胆最初记载于《神农本草经》："味苦涩。一名陵游，生山谷。"梁代《本草经集注》说："味甚苦，故以胆为名。"五代《蜀本草》讲："叶似龙葵，味苦如胆，因以为名。"由此可见，"龙胆"之名与龙无关，但是，龙胆含有龙胆苦苷等成分，味道极苦，与胆的关系十分密切。

茸背马先蒿

中华马先蒿

长花马先蒿

花朵多变的马先蒿

马先蒿属是列当科的一个大属，全世界超过600种，一半以上的种类在中国。青藏高原是马先蒿属的多样性中心，分布着大量的特有种。

绵穗马先蒿

大唇马先蒿

碎米蕨叶马先蒿

马先蒿属植物分化极其多样，特别是花冠结构的变化大。它们的花冠分为上下二唇，下唇展开，上唇的两个裂片对折在一起形成"盔"状，把雄蕊包裹在里面。盔继续向前伸出，形成一个细长的"喙"，雌蕊的柱头固定在喙的前端。盔和喙还会以多种方式扭曲、旋转和弯折，不同种类的马先蒿，盔的形状和喙的长短差异非常大，因而马先蒿的花冠多种多样。

1. 多变的花冠结构有什么用呢？

不同种的马先蒿常常生长在同一群落中，它们都以熊蜂作为主要传粉者。这样就有可能出现某一种马先蒿的花粉落在其他种马先蒿柱头上的情况，那么，种间杂交或者异种花粉干扰难以避免。但是，自然界中并未发现杂交种的存在，这说明不同种马先蒿间存在一定的隔离机制。多变的花冠正是隔离机制中比较有效的一种。

2. 马先蒿怎么完成授粉呢？

马先蒿雄蕊花药包裹在盔部，花蜜深藏在花冠管底部，雌蕊的柱头从盔或喙的先端伸出来。同一种马先蒿，这些部位有固定的位置，不同马先蒿则有明显的差别。当同一只传粉昆虫访问不同种类的马先蒿花朵时，花粉、柱头会接触昆虫身上的不同部位。比如，某一种花可能用熊蜂背部传粉，另外一种可能用熊蜂腹部传粉。这样，在一只传粉昆虫的身上，不同种的马先蒿利用不同的部位完成授粉，实现生殖隔离，也更加高效地利用了稀缺的传粉昆虫资源。

熊蜂在马先蒿属植物花冠分化中扮演了重要的角色，在与物种自身因素、生态环境因素的共同作用下，一起促进了花冠多样性的分化。

小提示：

马先蒿属大多是根部半寄生植物，它们的生长需要利用宿主植物分泌的生物碱、无机盐和有机物质等。这种半寄生的生长特性使得异地栽培移栽工作变得艰巨。

面对青藏高原严酷的生物和非生物环境，植物为了生存和繁殖，进化出多种多样的适应方式，形成了高山地带一道亮丽的风景线和独特的基因库。这些宝贵的基因资源将为我们解析高山植物的适应性和进行极端环境中的新品种选育提供丰富的遗传信息。然而，青藏高原又是我国乃至全世界生态系统最脆弱的一个地区，在全球变化和人类活动的综合影响下，其敏感性和脆弱性更加突出，必须引起足够重视，在研究和开发高山植物资源的同时更要加大保护力度。

干旱荒漠植物的智慧

干旱荒漠环境蒸发强烈，多风，多沙暴，强光高温，土壤贫瘠盐渍化，环境异常严酷，这一特殊生境孕育了丰富的旱生、超旱生、盐生和沙生的荒漠植被资源。经过长期的环境适应和自身演化，荒漠植物在形态结构、生理生态等方面形成了独特的适应特征并表现出相应的功能对策。

喜欢"吃盐"的盐地碱蓬

荒漠中，常常能看到一片片雪白的景象，下雪了吗？并不是，那是盐碱。荒漠降水量小，蒸发量大，溶解在水中的盐分在土壤表层积聚，形成厚硬的盐碱壳，一般植物难以生存。但是，盐地碱蓬依靠自己的绝技——"吃盐"，一丛丛，一蓬蓬，在重度盐碱化的土地上生生不息。

盐地碱蓬是适应性极强的盐生植物，可以从土壤中吸收大量可溶性盐类，并把盐积聚在体内而不受伤害。它们肉质的茎、叶含有高浓度的盐溶液，形成高渗透压，利于从沙漠中吸收水分。当盐离子进入体内后，盐地碱蓬通过叶细胞区隔化将盐离子包裹在液泡中，同时通过无机离子进行渗透调节，保证植株盐度平衡。

盐地碱蓬这种特殊的"吃盐"技巧也被科学家注意到。研究发现，盐地碱蓬每亩能生产1.8吨的干物质，并且能带走400多公斤盐。将它们种植下去以后的第一年，土壤盐分降低40%，第二年降低60%以上，第三年降低85%到90%，使盐碱地成了能种植正常作物的土地。

盐生植物分为三个类型：聚盐植物、泌盐植物和抗盐植物。

聚盐植物如盐地碱蓬等，能把盐"吃"进体内积累起来，改善土壤环境。

泌盐植物如红砂等，吸收进入体内的盐通过叶片和茎等部位的盐腺把过多的盐排出体外，之后被风吹掉或者雨水冲刷掉。

抗盐植物如盐地风毛菊等，对盐类透过性很小，几乎不吸收或很少吸收土壤中的盐类。

生长强大根系的梭梭

在干旱少雨的沙漠中，一株株顽强生长的梭梭尤为显眼。由于水分短缺，梭梭尽可能减小地上植株部分来降低蒸腾作用，地下根系不断向四周扩展，增强对水分的吸收。梭梭具有粗壮、强大而垂直的主根系，根系生长速度极快。生长1年的梭梭高约40厘米，在沙漠中毫不起眼，但是它的根却能长到2米左右。生长多年的梭梭垂直根可长到10米以上，水平根可以分布到10米以外，吸收水分和养分的范围更广。

梭梭枝条

梭梭树干

梭梭

除了深入地下，梭梭的水平根生长也有自己的智慧。50~100厘米土层中，水平根系分布集中，便于吸收地表的季节性降水水分；100~400厘米土层含水量少，根系分布少；400~500厘米的下层，根系分叉、细根增多，便于吸收地下水。留得住水分，扎得牢根才是生存硬道理。

梭梭不怕"沙埋"，它可以顺着流沙掩埋的方向继续向上生长。沙漠戈壁中，梭梭借助庞大的根系使流动的沙粒减速沉降，积累形成覆盖层，在防风固沙、改善生态环境上发挥着重要作用，被誉为"沙漠卫士"。

自备"防护套"的冰草

冰草是干旱和半干旱地区栽植的重要牧草。它的根和梭梭完全不一样，在茎基部生出许多粗细相等的不定根，呈毛絮状。由于没有深入地底的主根，它们很容易被大风刮出地表暴晒。但是，冰草并没有屈服，它们生长出一个适应干旱沙漠的独特结构——沙套。

沙套是植物根系分泌黏液，黏附周围土壤颗粒形成的圆柱套状结构，为根系与周围环境间形成了一层缓冲屏障，可以保护根系免受流沙磨损，耐受地表高温灼伤。沙套形成的根—土界面作为一个连续体，提高了植物抗倒伏能力，降低了被大风吹出地表的风险，减慢了沙丘移动的速度。同时，沙套扩大了根系与土壤的接触面积，有利于吸收养分、水分，具有良好的水分保持能力，改善了植物生长微环境。

除了冰草，许多植物都具有沙套结构，这是植物对干旱环境的巧妙适应。

茎叶肥厚的红砂

　　叶是植物制造有机养料的重要器官，也是植物进行光合作用的主要场所。叶一般由叶柄、叶片、托叶三部分组成，它对环境变化最为敏感，为适应环境，植物形成了不同的叶特征。

　　荒漠气候干燥，日照强烈，这里的植物叶发生形态变化，比如红砂。红砂的叶基本没有叶柄、托叶，叶片退化成短圆柱形，长1毫米、宽0.5毫米，从而减小叶片面积，降低蒸腾作用。为了适应干旱的环境，红砂的叶、茎内形成贮水组织，占叶片厚度的70%左右。外界水分充足时，贮水组织吸收水分并储存，缺水时供植物体使用。所以，红砂的茎叶呈肉质，特别肥厚。

　　仔细看，红砂叶表皮分布着下陷的气孔，气孔既能够完成蒸腾作用和光合作用，又减少了水分的损失。摸摸叶片，叶表生长着厚厚的角质层，角质层很难渗透气体。当气候干旱时，红砂气孔关闭，厚厚的角质层可以使水量损失降低到最小，从而维持植物体的含水量。

054

叶片退化的沙拐枣

沙拐枣，从名字就能感受到它的特点，生长于沙地环境。同荒漠中的其他植物一样，沙拐枣的根系发达，水平根可以延伸至二三十米。

除了根系，沙拐枣的叶也颇具特色。为抑制**蒸腾**作用，储存水分，沙拐枣尽量缩小叶片表面积，叶片变**成膜质**鞘或完全退化。叶是植物进行光合作用的重要场所，叶退化后，沙拐枣如何进行光合作用呢？仔细观察，沙拐枣枝条节间缩短，像枣树一样"拐来拐去"，如同一片片叶；枝条表面分布着气孔，蕴含大量的叶绿素而变得肉质化。夜间，气孔打开，吸收二氧化碳储存在枝条中；白天阳光照耀时，气孔关闭，枝条开始进行光合作用，为植物积累营养物质。

（二）重要物种

青海省省树——青海云杉

高原的绿

青海云杉是我国特有的树种，广泛分布于青海、甘肃、宁夏等地。它们适应性强，耐寒冷，生长于海拔 1000~4000 米的山谷、阴坡，是山地针叶林生态系统建群树种之一。

青海云杉属于乔木，树干笔直，高度可达数十米。叶子短小，在枝条上螺旋状排列，看起来像试管刷。初夏，青海云杉开始繁衍后代，雌花长在枝顶，雄花稍低。风经过，花粉吹向雌花，完成授粉，结出圆柱形的球果，垂在枝端。秋天，球果成熟，变成紫红色，远远看去就像枝条上挂满了香肠。

青海云杉四季常绿，高大的树冠在山坡上特别显眼，在冬天的高原尤其醒目。

青海省省树

2015 年，青海云杉被确定为青海省省树。"当选"省树的理由有六点：第一，听它的名字，青海云杉，因最早发现于青海而定名；第二，分布广泛，青海云杉约占青海省针叶林面积的 44%，是天然乔木林中面积和蓄积量最大的树种；第三，观赏独特，青海云杉树高可达 30 多米，树龄可达 450 年以上，是青海省各类树种之冠；第四，蓄水高效，据测算，一株成熟的青海云杉蓄水量达 2.5 吨，一片青海云杉林就是一座地下水库；第五，效益良好，青海云杉纹理直而均匀，易加工；第六，寓意深刻，青海云杉象征着"五个特别"的高原精神，代表了青海形象，寓意贴切。

青海云杉

高原记录者——祁连圆柏

　　在圆柏属植物中，祁连圆柏分布最广、面积最大，是中国特有的古老树种之一，它们在青海顽强地生存了上千年。在青藏高原，科学家发现了一棵年龄2230年的祁连圆柏。

祁连圆柏

年轮是大树的记忆，积淀了丰富的自然信息。高高的大树扎根在土地上，一年又一年。他们不会说话，无法诉说自己的年龄，却见证着时间的流转、历史的变迁。怎样才能知道大树的年龄呢？这可难不倒科学家，他们只需数数年轮便可知晓。

什么是年轮呢？年轮就是树干横截面上的同心圆圈。春夏，阳光明媚、雨水充足，树木维管形成层活动旺盛，新生的细胞个儿大、壁薄，材质疏松、颜色浅。进入秋天，天气变冷，雨水相应减少，形成层活动减缓，新生细胞个儿较小，材质紧密、颜色深。一年中，形成层变化是渐变的，但是第二年初与前一年末差异较大，由于木质疏密不同、颜色深浅不一，就形成了一圈清晰的年轮，科学家根据年轮的计数，知晓树木的年轮年龄。随着时间的增长，年轮不断增多，树木也渐渐长得高大粗壮了。

小提示：

年轮是交替形成的。在季节性气候显著变化（温度、湿度变化明显）的地方，树木才能形成年轮；在热带地区，气候恒定，树木匀速生长，无法形成年轮。

树木并不总是一年一轮。在亚热带，有些树木一年生长 2 个年轮，柑橘属的树木一年可能形成 3 个年轮。

　　树木生长也有自己的"脾气"。有的树，你数了 100 圈，实际上他生长了 99 年。为什么呢？可能是生长时气候冷热交替异常，树木多长了 1 圈，叫作"伪年轮"。有的树，实际生长了 100 年，年轮却只有 99 圈。为什么呢？可能是生长时遭遇了极端天气、病虫害等，树木停止生长，不形成年轮，叫作"缺失年轮"。

　　同一地方，同种树木的不同个体在同一时期内，年轮的变化规律是一致的。当某一树木的内层年轮序列与另一树木树外层的年轮序列相同时，说明两个树木有过共同的生长期，也就是说生长年代可以相互衔接。所以，当科学家找到年轮环环相扣的标本时，就可以将时间衔接到很久很久以前。通过对树木年轮年代序列的研究，科学家可以分析判定人类文化遗存年代，重建、研究、认识过去的气候、环境，这就是树轮年代学，也是大树所见证的历史。

　　科学的树轮年代学由美国的天文学者道格拉斯博士于 20 世纪初研究建立起来。这种方法在美国的史前年代学研究中起了很大的作用。目前，有两条长的年轮年表，一条是美国距今 10000 年的刺果松年轮年表，另一条是德国距今 10000 年的欧洲栎年轮年表。中国树轮年代学开始于 20 世纪 30 年代，科学家在青海省都兰县鄂拉山建立了长达 1835 年的树轮序列。

揭秘历史

　　树木的年轮和历史的车轮冥冥之中有一种奇妙的契合，成为破译王朝兴衰、拨开历史迷雾的线索。

　　都兰古墓群位于青海省海西州都兰县热水乡察汗乌苏河的对岸，有 200 多座墓葬。这是一个沉睡在地下一千多年的宝库，但是古墓群的年代却无法通过墓葬物品判断。

　　幸运的是，墓室由柏木构建，木材保存完好，多数有完整的髓心和完好的树皮。经过鉴定，这些柏木是祁连圆柏，科学家利用严格的交叉定年工作程序对古墓群样本进行测量和定年，最终得出其中 10 座墓葬中最早的建造年代为公元 611 年。

　　借助祁连圆柏的树轮年代学可以帮助校正历史年代，为学术界和社会各界厘清、匡正古墓的年代、主人及其最终族属问题给出了精确的可信服的结论。

记录气候

  青藏高原是世界上海拔最高、地形最复杂的地区，是中国气候变化的"敏感区""启动区"和全球气候变化的"驱动机""放大器"。然而，高原上气象站稀少，建站时间晚，这些因素限制了高原气候变化规律的研究。但是，科学家可以借助冰芯、冰川、物候等资料来恢复历史上气候要素的变化。

  随着树轮年代学的基本原理与分析方法逐步完善，树轮气候学快速发展，利用年轮上的信息也可推测出几千年来的气候变迁情况。科学家曾建立了青海省都兰县鄂拉山长达1835年的树轮序列，为研究青藏高原东部地区近2000来的气候变化提供了一份详细的资料。在这段时间内，青藏高原东部地区共有10次冷期和11次暖期，冷暖期交替也影响着植物的生长。

金色海洋——油菜花

　　油菜属于十字花科芸薹属，是人类栽培的最古老的农作物之一，它追随着人类的足迹走过全球，种植历史已有7000年。

　　油菜环境适应性极强，全年都可播种、生长和收获。从种植季节来分，油菜主要分春油菜和冬油菜。九月是春油菜收获、冬油菜播种的月份。

油菜有三种类型，分别是白菜型油菜、甘蓝型油菜和芥菜型油菜。在外观形态上，三者略有不同：白菜型油菜的叶身为全包茎；芥菜型油菜的叶子与茎不接触；而甘蓝型油菜的叶身为半包茎。

在我国，油菜是第一大植物食用油来源，在国民经济和社会民生中的地位举足轻重。油菜全身都是宝，它不仅是历史悠久的油料和蔬菜，而且随着科技的发展，油菜已广泛应用于食品、化工、医药、建筑、饲料和肥料等领域。油菜科学的不断进步极大提升了菜籽油的品质，高油酸菜籽油的成分指标可媲美橄榄油。油菜观花价值的开发，更使得全国各地的油菜花海成为旅游的热门之地。

青海门源油菜花海在祁连山较大的山间宽谷中，连绵百里，与雪山互为映照，以蓝天白云为背景，颇具视觉冲击力。享有"中国最美花海""全球十大绝美花海""中国十佳最美乡村""全国美丽田园"等荣誉，是人们领略祁连山风光、感受大自然壮阔之美的天堂。

大自然的馈赠——冬虫夏草

　　冬虫夏草是我国传统中药材，药用历史悠久，具有补肾益肺、止血化痰的功效。虫草多生长在高原海拔 3000~5500 米的山坡、草甸下，是大自然给予人们的馈赠。

　　刚露出地面的虫草与周围环境颜色相近，需要弯腰或者趴在地上仔细观察，才能发现。采挖时，要使用专门的小铲子，连同草皮深挖 9 厘米，取出虫草，将草皮放回原处。

　　虫草是如何形成的呢？盛夏来临之时，雌性成年蝙蝠蛾在地面产下虫卵，虫卵孵化成幼虫，幼虫钻进土壤里以植物根茎为食。如果这个时候，虫草真菌孢子感染幼虫，真菌在幼虫体内生长，慢慢消耗幼虫。被真菌侵蚀的幼虫开始往地面爬，距离地面时死亡。等到积雪融化、万物复苏的时候，真菌从幼虫的头部冒出，一根长长的梗破土而出，这就是冬虫夏草。之后，真菌再散发孢子，继续感染其他的幼虫，如此循环往复。

冬虫夏草形成过程

小提示：

　　冬虫夏草是冬虫夏草菌和蝙蝠蛾科幼虫的复合体，冬季为虫、夏季为草。冬虫夏草既不是动物也不是植物，它们被归为真菌，隶属于麦角菌科，虫草属（《国家重点保护野生植物名录》中包括藻类、真菌等，因此，冬虫夏草放于植物单元）。

三、"神奇高原"的动物

（一）飞羽寻踪

飞跃珠峰的斑头雁

斑头雁隶属于雁形目鸭科，为亚洲特有种，越冬地在我国云贵高原、雅鲁藏布江峡谷、拉萨河谷，以及尼泊尔、印度等国家，繁殖地主要在中亚、蒙古、青藏高原海拔较高的高原湖泊，最高可达4800米。斑头雁喜欢集群生活，雌雄外形相似，雌性个体较小，体色以灰褐色为主，头顶至颈部为白色，因其头顶部稍后方有两道黑色横斑，被形象地称为"中队长"。第一道黑色条纹延伸至双眼，后一道较短，位于枕部，这两道横斑是野外识别斑头雁的主要特征，也是中文名斑头雁的由来。

根据科学家研究，全球斑头雁的种群数量大约7万只。每年4~9月份，在青海大大小小的湖泊中几乎都能看到斑头雁的身影，他们或夫妻恩爱在湖中岛屿或岸边高崖共筑爱巢，或儿女承欢膝下其乐融融，也许这里就是你向往的诗和远方。

这看似平凡却又不平凡的鸟儿被誉为世界上飞得最高的鸟类。斑头雁的迁徙路线中有一条需要飞越喜马拉雅山脉，从青藏高原前往印度次大陆南端越冬。而海拔6000米处的含氧量仅为海平面的50%，到海拔近8848.86米的珠峰，含氧量只有海平面的30%。斑头雁怎么适应高寒缺氧的环境、年复一年不辞辛苦地飞越世界上最高的山脉？

主要原因有两方面，一是斑头雁强大而特殊的生理结构。肺大心大是斑头雁适应高寒气候的制胜法宝之一。与同样大小的水鸟相比，斑头雁的肺大1/4左右，肺容积较大，肺泡数量多，从而肺的通气量也更大。在相同低氧环境下，斑头雁的呼吸更快且深，满足身体对氧的需求。斑头雁的心脏约为其他同等大小水鸟的1.5倍，心肌收缩力强，能加快氧气的运输，尤其在低氧环境中飞行时其心脏搏量为同质量哺乳动物的7~8倍。除了强大的心肺功能，特殊的代谢模式也是克服低氧条件的重要因素。如哺乳动物在运动状态下血液温度会增高，造成血红蛋白结合氧气的能力下降，而斑头雁在高空飞行时，其静脉中的血液会降温，由此血液中的血红蛋白结合氧气的能力有效提升，从而为身体提供更多的氧气。

第二个原因就是斑头雁飞行中的智慧。由于特殊的生理系统，斑头雁比低海拔鸟类有更强的氧气摄取能力，更高的氧气运输效率和利用效率，即便是喜马拉雅山脉也阻挡不了他们的迁徙之路。当然你千万不要误认为斑头雁始终翱翔在海拔9000米以上的高空，其实他们的飞行依山顺势，选择尽量降低飞行高度以节约长途迁徙中需要消耗的能量，它们在高高低低的山峰与山谷间起起落落，好似"过山车"一样，最低距离地面只有62米，大多数飞行高度距离地面不足600米，而且在翻越高山时，它们会选择风力缓和的夜晚和清晨。斑头雁只需要8个小时就可以飞越喜马拉雅山脉，让它们成为1天内飞越喜马拉雅山脉的纪录保持者。

青海省省鸟——黑颈鹤

　　黑颈鹤属于鹤形目鹤科，国家一级重点保护野生动物，云贵高原越冬，青藏高原繁殖，一生都生活在高原。黑颈鹤颈部 2/3 以上为黑色，仅眼后及眼下有白斑，正是这黑色的脖子，成为黑颈鹤命名的原因。此外，它们红红的头顶也格外显眼，好似戴着一顶火红的小帽，其实那是黑颈鹤**裸露**的皮肤，在繁殖季节更为鲜艳。黑颈鹤头部除裸露**的红色**皮肤外，还被有稀疏的黑色短羽，飞羽和尾羽黑色，余部体羽灰白色，间杂少量棕褐色羽毛。**黑颈鹤雌**雄的外貌差异很小，但在繁殖季节，雌性上背会长出**棕褐色**的蓑羽，间杂在白羽之间。1990 年青海省将黑颈鹤定为省鸟。

黑颈鹤经常与斑头雁、赤麻鸭等诸多鸟类在同一领域生存，它们之间的食物或巢穴的争夺现象时有发生。也许是体格高大的优势，黑颈鹤常常是胜利者。不仅是常胜将军，黑颈鹤的爸爸妈妈对守护蛋宝宝这件事尽职尽责，没有半点马虎，绝对可以被授予模范父母的奖章。黑颈鹤妈妈产卵以后，鹤妈妈和鹤爸爸会轮流孵卵，一只在外觅食，另一只则会留在巢中，维护自己的领地，守护巢穴中的蛋宝宝。不过在天气晴朗、无风的午后，黑颈鹤夫妻可能会双双离开巢穴，一起散步觅食。

　　几千年来，在中华民族传统文化中，鹤是吉祥、长寿的象征，它们翩翩起舞、气质高雅，一副不食人间烟火的样子。如果你笃信黑颈鹤仙气十足，那现实中它们的饮食情况一定颠覆你的认知。黑颈鹤当然也不是画中那样与松树相伴，沼泽湿地才是它们主要的家园。黑颈鹤是妥妥的杂食性动物，繁殖季主要取食水生植物根茎、种子、小型鱼类、昆虫等，让人大跌眼镜的是，黑颈鹤还会取食斑头雁的蛋甚至幼鸟。当然让人更想不到的是，它们还会用尖尖的嘴伸进鼠兔洞穴叼食走投无路的鼠兔。越冬地的黑颈鹤主要依赖农田生存，收割后的农田中残余的农作物成为黑颈鹤的主要食物，它们在农田里翻翻捡捡，青稞、小麦、玉米、土豆都是美味。它们甚至在还没收割的农田里大快朵颐，破坏农作物，给农民耕作带来负面影响。作为世界濒危物种之一的黑颈鹤同时也是高原生态系统的旗舰物种，在维护生物多样性方面发挥着重要生态作用。因此，当地政府通过湿地远景规划调整人居地、耕地与水域的空间布局，协调满足黑颈鹤食物和生境安全需求，并对当地农民采取补偿机制，人与自然和谐共生的美好画卷在这里徐徐展开。

（二）湿地精灵

半江清水半江鱼——青海湖裸鲤

青海湖裸鲤俗称"湟鱼"，属鲤形目、鲤科、裂腹鱼亚科，是青海湖特有珍稀物种，也是青海湖"水—草—鱼—鸟"生态系统的核心物种，在咸水和淡水中均能生长，属冷水性鱼类。

青海湖裸鲤体表几乎完全裸露没有鳞片，但如果你仔细观察会发现在裸鲤的鳃盖后侧还有零星鱼鳞，尤其在腹部靠近尾部地方有两行整齐排列的鱼鳞，如同一排拉开的拉链，又好似鱼腹部开裂，这也是裂腹鱼亚科名称的来历。这些没有退化的鱼鳞证明青海湖裸鲤曾经

是有鳞鱼，但随着高原的隆起和冰川期的来临，青海湖气候变得寒冷严酷，裸鲤的祖先为了适应高海拔寒冷环境，慢慢进化，褪去鳞片减小体表面积，以达到减少身体热量散发的目的，同时通过增加体表黏液的分泌量，增厚皮下脂肪，以增强抗寒的能力。体表黏液还有润滑和防护的作用，可以减少裸鲤钻洞穴、穿石缝、捕食时的阻力，并防御泥沙等对皮肤的摩擦伤害。除了青海湖裸鲤，高原上许多鱼类都是无鳞鱼，这不得不让人感慨生命的倔强与顽强，每一个生存下来的物种都是经历了脱胎换骨的蜕变后的胜利者。

青海湖这些无鳞的精灵，每年4~8月成群结队逆流而上穿越海拔落差高达数十米甚至上百米的河道到达布哈河、沙柳河、河马河、泉吉河等河流产卵繁殖。"半河清水半河鱼"的景观吸引诸多省内外游客前往观看，感受逆流而上的生命奇迹。

20世纪50—60年代的过度捕捞，以及气候等因素导致青海湖裸鲤资源严重衰退。由于青海湖水温低、食物资源有限造成裸鲤生长缓慢、性成熟晚，其自然繁育成功率不到千分之三，一度濒临灭绝。为了保护裸鲤资源，从1982年至今，40多年来先后6次封湖育鱼，2002年开始裸鲤人工增殖放流，裸鲤资源量由2002年的2600吨增至2024年的12万吨，呈现一幅鱼鸟共生盛景，"草河湖水鱼鸟"生态系统更加稳定，鱼翔浅底、碧波荡漾的青海湖生态更加美好。

（三）兽类迷踪

藏羚的故事

高原精"羚"

藏羚为偶蹄目、牛科、藏羚属物种，是青藏高原特有物种，在我国主要分布在新疆、西藏、青海三省区。雄性藏羚有1对竖直的长角，从侧面看好像只有一只角，所以藏羚又被称为"独角羊"。

藏羚吻部宽阔，鼻腔有明显鼓胀，看起来鼻孔很大的样子。动物学家认为大大的鼻孔能吸入更多空气，且有利于温暖吸入鼻腔的冷空气，这可是藏羚适应高寒气候的法宝之一。雌性藏羚通体土黄色，而成年雄性藏羚毛色较浅，除面部、四肢前侧为黑色外，通体近白色，从正前面看，雄性藏羚就像戴着黑色面具、穿着黑色靴子的勇士，酷酷地奔走在青藏高原。

藏羚最擅长，也是能够保命的本领是奔跑，奔跑速度可达每小时80千米以上，即使是妊娠期的雌性藏羚，奔跑起来的速度也是我们人类望尘莫及的。正因为擅长奔跑，藏羚成为2008年北京奥运会吉祥物福娃"迎迎"的原型。

很多游客在青藏公路沿线常常会把藏原羚认作藏羚，虽然两个物种的雄性都有角，但区别也很明显，藏羚的角长而直，而藏原羚的角弯曲，长度也远远不及藏羚的角长。如果你看不清角的形状，那就往它们的臀部看，藏羚全身体色较统一，而藏原羚臀部有较明显的白色心形臀斑，请记住在高原上给你"比心"的动物叫藏原羚哦。

迁徙之谜

　　藏羚是青藏高原保留有迁徙习性的大型有蹄类动物。每年4至5月，来自新疆阿尔金、西藏羌塘、青海三江源的雌性藏羚便开始了长途跋涉，前往可可西里腹地的被称为藏羚大产房的卓乃湖等地产仔，然后于八九月份陆续返回越冬地。

　　藏羚每年从勒池草原到卓乃湖，直线距离约200公里，途中必经之路为青藏公路和青藏铁路。在青藏铁路建设初期，为了不影响道路两侧野生动物的交流以及保障两侧栖息地的连通，青藏铁路沿线开通了33个野生动物通道。目前，藏羚已经逐渐适应并开始利用动物通道，每年有超过95%的迁徙藏羚通过五北大桥穿越青藏铁路。

让人不解的是，迁徙的藏羚几乎都是雌性个体，偶尔见到1岁左右的幼年雄性藏羚跟随母亲一起迁徙，而且在青藏高原并非所有的雌性藏羚都迁徙，也有不迁徙的种群，这与非洲草原的动物迁徙、鱼类洄游和候鸟迁徙均有较大差异。关于藏羚的迁徙之谜，至今尚未破解。许多研究者从不同角度提出了不同的解释，比如为了躲避天敌的捕食和传播寄生虫病昆虫的干扰，躲避牧民放牧的影响，躲避固态降水较多的地方，等等。还有专家认为古气候环境的变化驱动部分藏羚为了寻找更好的生存环境而迁徙，年复一年，代代相传，季节性迁徙成为部分藏羚种群的集体记忆。无论哪种原因，生性警觉又胆小的藏羚母亲为了延续后代，敢冒着生命危险长途跋涉往返数千公里，已让迁徙之程成为伟大的生命壮举。希望科研工作者为我们早日解开迁徙之谜，以便更好地保护这些高原精灵。

高原"大米饭"——鼠兔

是鼠还是兔

高原鼠兔上下唇缘为黑褐色，又名黑唇鼠兔，栖息于海拔3200~5200米的高寒草原、高寒草甸等生态系统。当地居民习惯将高原鼠兔称为"兔鼠"，意为像兔子的老鼠，其实，鼠兔是"兔"而非"鼠"，最明显的特征是其上唇纵裂，就是人们平时所说的"兔唇"。此外，高原鼠兔上颌门齿有2对，也就是说它们有两对大门牙，一对在前，一对在后不易发现，这是兔子的典型特征之一。因此，高原鼠兔是"兔"，而不是"鼠"，虽不是正统意义上的兔子，却也和兔子有更近的亲缘关系。根据化石证据，高原鼠兔存在已经有3700万年之久。

草地退化的背锅侠

退化的草场上常常聚集大量的鼠兔，因此人们认为鼠兔是草场退化的主要原因，称它们为"坏鼠兔"。后来的研究发现，鼠兔只是草场退化的风向标，并非罪魁祸首。茂密健康的草场，高大密集的植物会遮挡鼠兔的视线，而退化的草场上，植物低矮稀疏，鼠兔视野开阔，更容易发现、躲避天敌。同时，退化的草场上，土壤草根稀少，鼠兔更容易挖洞繁殖，越来越多的鼠兔聚集，最终加速了草场退化。

其实，草场承载能力范围内的高原鼠兔对于维护生物多样性起着积极作用，有些动物学家称它们为"好鼠兔"。首先，鼠兔可谓草原上的"大米饭"，大部分食肉动物，如藏狐、棕熊、猎隼等都以鼠兔为食，有研究发现，猎隼喂养雏鸟的食物中90%是鼠兔。其次，鼠兔通过打洞，将地下矿物质翻到地表为草场提供养分，同时洞穴也让草场土壤变得更松软，土壤就像海绵一样更容易储存水分。研究发现，鼠兔洞穴周围的土壤蓄水量是普通土壤的2~3倍，不仅小草长得更茂盛，对水土流失、下游洪水也能起到防范作用。最后，鼠兔的洞穴功能齐全，有好几个出口，是草原上雪雀等很多地栖鸟类的家，可以为它们挡风蔽雨。

高原鼠兔是生态系统中重要的一环，需要辩证地去看待它们。针对退化草场，深入实施退牧还草等草原生态治理工程，严格落实禁牧、休牧和草畜平衡制度，才能使草原生态系统功能稳步提升。只有尊重自然、顺应自然才能制定出科学的管理办法，真正实现保护自然、人与自然和谐共处。

雪山之王——雪豹

　　雪豹是国家一级重点保护野生动物，是高山生态系统的旗舰物种，常活动于海拔3500米以上的高山裸岩地带和雪线附近，主要分布在青藏高原、蒙古高原及周边的地区。青海省是我国雪豹的主要分布区。近年来，青海省两市六州都通过红外相机捕捉到了雪豹的活动影像，从而使得青海省能成为名副其实的"雪豹之省"。雪豹身长1~1.3米，体重20~50公斤，在豹属动物中体型最小。它们尾巴粗长，但腿看起来非常短，其身体花纹具有唯一性的特点，这也是动物学家识别雪豹个体的重要依据。

抵御严寒有技巧

雪豹能抵御零下 40 摄氏度的低温，是最不怕冷的动物之一。通常能耐寒的动物大多有厚厚的脂肪，动作缓慢，但长得并不肥胖的雪豹，身手敏捷，在高山岩石峭壁间健步如飞，那么，雪豹是如何做到的呢？法宝之一就是它们有着豹属中最长最密的被毛，平均每平方厘米的皮肤上生长着约 4000 根毛发，毛发的平均长度约 5 厘米，而肚子上的毛更是长达 12 厘米，能有效将皮肤与冷空气隔离，因此，穿着厚厚毛皮大衣的雪豹不再惧怕寒冷。法宝二是雪豹短而宽的鼻腔，能够呼吸更多的空气以保证供氧量，同时，也使寒冷干燥的空气在鼻腔内变得温暖湿润。法宝三是与身体几乎等长的尾巴，千万不要小瞧这么长的尾巴，它不仅能帮助雪豹在陡峭岩石上灵活运动，辅助平衡，还能在雪豹睡觉时，像围巾一样围住身体起到一点保暖的效果。

领地意识强

雪豹是具有领地意识的独居型猫科动物。根据蒙古国佩戴卫星定位器雪豹个体的数据来看，雄性雪豹的领地面积大约 240 平方千米，而雌性个体的领地范围约为 120 平方千米。尽管是独居动物，但雪豹的领地范围并不是完全独立的，雄性雪豹的领地往往会和几只雌性雪豹的领地有或多或少地重叠。小雪豹出生后由雌性雪豹独自抚养，5 个月就断奶，2 岁左右离开妈妈寻找自己的领地。

生态气压计

雪豹种群的变化趋势是衡量其所在地生态系统健康状况的重要指标，被称为"高海拔生态系统健康与否的气压计"。其原因是雪豹位于食物链顶端，1 只雪豹大约需要 200 只规模的岩羊种群才能维持稳定的食物来源，雪豹种群的稳定意味着猎物岩羊种群的稳定，而岩羊作为食草动物，它的稳定也就意味着草场资源的稳定。根据红外相机监测的结果，青海三江源地区雪豹种群大约有 1200 只左右，并且三江源地区是世界上最大的雪豹栖息地连片区，显示着三江源地区生态系统的健康稳定。

藏狐

高原二狐

方脸藏狐

在青藏高原主要生活着两种狐狸，它们是藏狐和赤狐。藏狐为青藏高原特有种，而赤狐为全球广布物种。我们分别来认识一下这两种狐狸。

藏狐属食肉目、犬科、狐属，喜欢栖息在高海拔的草原、高山草甸、山地、半干旱地区等地理环境中。其四肢粗短，背部浅灰或浅红棕色，腹部和尾尖发白，耳朵较短，一双睁不开的眯眯眼让人觉得高傲又神秘莫测。近年来，默默无闻的藏狐凭借或傲娇、或憨厚的表情包突然成为青藏高原野生动物界一大网红。藏狐脸部的骨骼和咀嚼肌相对发达，吻部比其他狐狸狭长，犬齿也比较长，面部可附着更多肌肉，使其咬合力更强，加上为了适应高原的寒冷气候导致脸上的毛发比较长，显得脸较为方正，被形容为"大叔脸"，因而与人们印象中狐狸"妩媚""狡猾"的形象相去甚远。

藏狐捕食鼠兔

092

赤狐

藏狐看似与世无争，却不擅长挖洞，而旱獭的洞穴功能齐全、复杂舒适，所以藏狐经常把目光转向旱獭，一有机会不光捕食旱獭把吃的问题解决了，还霸占旱獭的家把住的问题也一并解决，所以藏狐的住所有可能就是抢夺的旱獭一家子的豪华别墅。藏狐的主要食物是高原鼠兔，因此它们往往选择高原鼠兔密度较高的区域作为核心活动区，同时，藏狐的昼行性特征也和高原鼠兔的活动节律保持一致。当食物匮乏时，藏狐也会捡食藏羚、牲畜等动物的尸体。

瓜子脸赤狐

相比藏狐，赤狐则是人们印象中标准的"狐狸精"的原型。同为狐狸，赤狐的体型更为细长，脸狭长，耳朵大而尖，毛色因季节和地区不同而有差异，从黄色到褐色再到深红色。腹部白色，腿细长而呈黑色；尾巴粗大蓬松，尾尖灰白色。虽然与藏狐经常生活在同一领域，却能各自安好，极少有冲突。不同于藏狐的昼行性节律，赤狐属夜行性动物，因为青藏高原上的高原兔喜欢夜间闲逛，因此主要以高原兔为食的赤狐的活动时间基本与高原兔保持一致，以夜间活动为主。如果对藏狐和赤狐还是傻傻分不清，那就看脸型，长着方方"大叔脸"的是藏狐，而长着"瓜子脸"优雅又高贵的一定是赤狐。

藏狐和赤狐由于食性的原因，能有效控制调节草原上鼠兔、啮齿类动物的数量，被大众定义为益兽，它们对维持草原生态平衡起着重要作用。

四、奇妙的行为世界

（一）千奇百怪的吃

吃是头等大事，动物通过外界环境获取食物维持生存。在大自然长期选择下，动物们形成了千奇百怪、风格迥异的吃。

伪装弹射——大麻鳽（jiān）

大麻鳽，常栖息于河流、湖泊、池塘边的芦苇丛。它们生性谨慎，行动缓慢，每走一步都要停下来左顾右看，观察四周。发现危险时，便站在原地一动不动，收紧翅膀，伸长脖子，嘴尖朝向天空，伪装为一根"芦苇"。

鱼类是它们的最爱，几乎占到整个饮食结构的80%。虽然它们行走缓慢，但在捕食时，动作却十分迅速。大麻鳽不动声色地站在水岸浅滩观察，当发现有小鱼游过，身体便像弹簧般弹射出去，大半个身子钻入水中，再抬起头来时，已成功捕捉小鱼。

抖脚干饭——环颈鸻

环颈鸻，颈部白色羽毛形成一个完整的环，因而得名。环颈鸻栖息于水域岸边，主要以昆虫、蠕虫、小型甲壳类和软体动物为食。它们行动敏捷轻巧，发现食物后常急速行走，迅速啄食。

在滩涂上，环颈鸻还有一种独特的觅食方法——抖脚干饭。即以一只脚做支撑，另一只脚不停抖动，像是跳"探戈"。通过抖脚，泥沙中的小虫子、小动物受到惊吓，无处藏身，只能爬上地面，环颈鸻便趁机捕食。

隐匿伏击——雪豹

　　雪豹主要生活在林线以上的高山带和亚高山带，它们烟灰色的皮毛远远看上去与岩石极其相似，与周边环境融为一体，让人看不清。捕猎时，雪豹利用毛色隐匿于山体岩石间，小心翼翼接近，耐心等待。当猎物没有任何防备，逐渐走近的时候，抓住机会，以迅雷不及掩耳之势，将猎物扑倒在地。

　　不同地方的雪豹捕食的猎物有差异。在青海、西藏，雪豹的主要猎物是岩羊；在新疆，雪豹的主要猎物是北山羊。

（二）五花八门的喝

水是生命的源泉，每一个生命都需要水。动物怎么喝水呢？它们将嘴端贴向水表面或放入水中，下颌有节奏地压缩，让口腔正负压交替，使水进入口中。其实，自然界中还存在其他独特的喝法。

巧用舌头——狗、猫

有些动物，如狗、猫等无法利用脸颊肌肉产生吸力，把水"吸"上来。那么，它们如何喝水呢？仔细观察，人们发现狗"舔"水喝。

怎么舔呢？正着舔？反着舔？通过高速摄像机录制的视频慢放，研究人员发现，狗的舌头卷成朝着自己的长柄勺状，伸入水中包住水，借助惯性送至嘴里。

猫同样"舔水"喝，但是与狗不同。猫只有舌头的顶部接触水面。当舌尖接触水面时，由于表面张力，水附着在舌尖上。惯性作用下，水继续跟随舌头的运动趋势，克服重力向上攀升。这个时候，猫闭上嘴，就喝到了水。

小提示：

猫喝水有什么原理呢？一起来动手试试。

用勺子顶部接触水面，稍微抬起时，水附着在勺子底部。慢慢抬起勺子，附着的水柱会逐渐细，直到被重力拉回水面。

猫便是利用这个原理来喝水。

科学家通过实验测算出喝水速度公式，舔水频率和舌头长度的平方倒数成正比。猫一般平均每秒会击水四次，但老虎等大型猫科动物会慢一些，以达到相同的重力和惯性平衡。

点头喝水——麻雀

鸟类怎么喝水呢？我们可以观察观察常见的麻雀。

当地面出现一小滩水，口渴的麻雀们仔细观察周围，察觉没有危险后，小心降落水边。小小的喙深入水中，装水，紧闭喙，咽下去？并不是，由于肠道结构差异，麻雀无法将水咽下去。它们抬起头，水在重力作用下，流到胃里。一喙水，一抬头，低头、抬头间便喝了个饱。

大多数的鸟均采用这种方式来喝水，但是，这样一个简单动作，不同的鸟儿也有差异，需要大家去仔细观察、发现。

小提示：

炎热的夏天，小小的水坑吸引着不同的鸟儿前来喝水、洗澡，一派热闹，水坑也成为观鸟的好地方。

羽毛运水——毛腿沙鸡

毛腿沙鸡，腿部有着浓密的羽毛，因而得名，它们主要栖息于平原草地、荒漠和半荒漠地区，以植物种子、嫩枝等为食。

每年四月，毛腿沙鸡爸爸、妈妈开始营巢、产卵、孵化，二十多天后，雏鸟宝宝破壳。雏鸟属于早成鸟，待绒毛水分干燥后，晃悠悠地跟着爸爸、妈妈寻找食物。荒漠中，喝水是个大难题。成鸟常常在清晨、黄昏成群飞往10公里之外的水源地喝水。飞行能力较弱的雏鸟怎么喝水呢？

聪明的沙鸡演化出一种妈妈带娃，爸爸运水的巧妙方法。当沙鸡爸爸找到水源后，先自己喝个饱，然后将腹部浸入水中，蓬起羽毛，前后摇摆身体，让羽毛尽可能吸入更多的水。羽毛储满水后，爸爸展翅飞行返回巢穴。雏鸟围绕在爸爸身旁，用喙啄食羽毛中的水。虽然，一次最多只能运送25毫升的水，但这点水对于雏鸟来说至关重要。

神奇的运水行为，让人不禁感叹鸟儿的智慧和大自然的神奇。

小提示：

破壳后的雏鸟根据发育情况，可以分为早成鸟和晚成鸟。破壳后，早成鸟全身被绒羽，眼睛睁开，待绒毛干后，可以追随亲鸟觅食。晚成鸟全身裸露，眼睛紧闭，需要亲鸟喂食一段时间后才能出巢。

（三）花样百出的求偶

繁衍是生物的基本使命，包含求偶、交配、生产、哺育等一列复杂的行为。求偶无疑是生物最有趣的行为之一，求偶行为花样百出，求偶者展现才华、释放魅力，吸引求偶对象的青睐。

引吭高歌——黑颈鹤

黑颈鹤是全球十五种鹤类中唯一一种中国特有种，每年3月中下旬，青藏高原的冰雪消融，黑颈鹤群便开始飞往西藏、青海等地完成"生儿育女"的大事，10月中旬飞往云南、贵州等地度过寒冷的冬天。

到达繁殖地后，黑颈鹤抓紧时间寻找配偶，求偶可不是件易事。这个时候的雄鹤非常兴奋，它对着雌鹤扇动翅膀起舞，脖子后仰，长鸣出声，鸣叫频率逐渐增高。如果雌鹤挑中了它，便半展两翅，双腿微曲，直起脖颈，做出短促的回应。它们边走边叫，双方逐渐靠近，叫声也越来越快，越来越响，一前一后相伴行走，展翅偎依。当雌鹤做好准备时，它张开双翅，半蹲、尾部朝向雄鹤，雄鹤则半张开翅膀，双脚跳跃到雌鹤背部，稳定站立后完成交配。

殷勤喂食——普通翠鸟

　　"小翠"是大家对普通翠鸟的昵称。普通翠鸟，凭其艳丽的羽色、灵活的身手，收获了不少铁粉。普通翠鸟求偶也有自己的小心机。雄鸟要想获得雌鸟的芳心，必须带来"礼物"，这并非简单的"讨欢心"，而是一场"重要"的考试。

　　获得芳心从"喂鱼"开始，这不单单是喂鱼，而是在示爱、求爱。喂鱼讲究技巧，雄鸟将鱼转个头，鱼头在外、鱼尾在内。雄鸟叼着鱼，三番五次地向雌鸟靠近。仔细观察，你会发现，雌鸟或者不理不睬，或者不给面子、干脆走开，有时也会远远观望。如果来了兴致，雌鸟会靠近雄鸟，张嘴尝一尝，却不会吞下去。如果雌鸟完全不领情，不做出一点反应，雄鸟呢，干脆自己吃掉鱼，寻找下一次的机会。有人会说，雌鸟可真麻烦。殊不知这正是"考验"，考验雄鸟捕食、抚育下一代的能力。当雌鸟接受了"礼物"，就代表求爱成功。

　　"点翠"是首饰制作的一种工艺，用来点缀美化首饰。"翠"一般取自翠鸟的羽毛，为了保证羽毛的光泽度，常常从活翠鸟身上拔下。制作一件点翠饰品，需要数十只甚至上百只翠鸟。

　　古代翠鸟因人类一己私欲几近灭绝。如今，我们更加注重人与自然和谐相处，可以找到很多效果相同的材料代替点翠工艺的原料，也就产生了如今的"仿点翠"。

107

比武抢亲——白唇鹿

白唇鹿是中国的特有物种，国家一级重点保护野生动物，主要分布在青藏高原。正如名字一样，它们的嘴唇周围和下颌呈现纯白色，好似戴着"白口罩"。另外，它们的臀部，尾巴周围有黄色斑块，也被叫作"黄臀鹿"。神话传说中，白唇鹿经常作为坐骑出现，行动姿态优雅迷人，有一股仙风道骨的出尘气质。但是面对"人生大事"，白唇鹿也很"接地气"。

9月，繁殖季到来，雌、雄白唇鹿开始混合集群，寻找配偶。此时的雄鹿争勇好斗，它们通过咆哮、嚎叫显示自己的优势，用蹄子、角刨动地面，打滚往身上沾泥土吸引雌性的注意。白唇鹿是一雄多雌的交配规律，为了得到更多配偶，雄鹿往往大打出手"比武抢亲"。雄鹿的角多分叉，一般有5叉，个别老年雄性可达6叉。角是比武的工具，它们用石头将角磨得锋利，借着角攻击对方，直到对手投降。获胜的雄鹿获得雌鹿的"青睐"，拥有二三十头雌鹿的交配权。

白唇鹿

高原上生活着两种大型鹿类——白唇鹿和马鹿。怎么辨别它们谁是谁？最简单的方法就是看臀部。白唇鹿臀斑呈暗黄色，被当地人称为"黄臀鹿"，马鹿臀斑白色且具有黑缘，被称为"白臀鹿"。

马鹿

109

（四）竭尽全力的孕育

求偶成功后，进入孕育环节，动物们想方设法为下一代提供舒适的生存环境，呵护它们健康成长。

智慧孵化——环颈鸻

从青藏高原到渤海湾，从新疆塔克拉玛干沙漠到湛江，都能看到环颈鸻的种群，地理跨度非常大，环境也各不相同。6 月的青藏高原依旧寒冷，温度低于 10 度，甚至出现接近 0 度的情况。这个温度下，胚胎可能会冻死，无法孵化。6 月的湛江沿海，地面的温度非常高，可以达到将近 60 度。如果蛋放在 60 度的地面上，没过多久就烤熟了。但是无论外界温度怎么变，巢穴里的温度都在 35 度上下，这是孵化的最适温度，也是环颈鸻的智慧。

天冷的时候，除了短暂外出外，环颈鸻基本都待在巢里，紧紧护住蛋。天热的时候，环颈鸻打湿腹部羽毛，然后用潮湿的腹部趴在鸟蛋上，为蛋降温。

正是有充满智慧的爸爸妈妈精心呵护，小鸟才有幸破壳而出。小鸟孵化后，羽翼还未丰满，天气寒冷时，雏鸟会躲在父母温暖的羽翼下，如果够幸运，或许你能看到长着"多脚"的鸟爸鸟妈气定神闲、怡然自得的有趣一幕。

拟伤护雏——反嘴鹬

　　反嘴鹬繁殖期间，有一种"拟伤行为"，体现了动物界中鸟爸鸟妈对孩子的爱。

　　反嘴鹬在地面筑巢，成鸟活动容易被空中的捕食者发现。当危险来临时，为了保护卵或幼鸟，成鸟会突然从巢中离开，大叫吸引捕食者注意。同时，成鸟耷拉着翅膀，一瘸一拐地行走，装出受伤不能飞行的样子。当捕食者被成鸟的行为吸引并靠近时，成鸟便会继续飞出一段距离，拟伤伪装，直至捕食者离巢足够远时，成鸟才会恢复正常状态，展翅飞离。

　　拟伤行为多见于鸻鹬类，如环颈鸻、金眶鸻、黑翅长脚鹬等，雁鸭类如斑嘴鸭，鹤类如黑颈鹤也会出现，这是鸟儿的大智慧。了解了鸟儿的行为模式后，我们可以进一步保护它们，在野外发现鸟儿"拟伤"时，迅速离开这一区域，为它们留下安全的育雏环境。

逆流而上——青海湖裸鲤

4月，春风来到高原，气温回升，青海湖湖冰开始消融，湖水里的青海湖裸鲤跃跃欲试，准备完成"人生大事"。5月，成千上万条裸鲤汇集在注入青海湖的布哈河、泉吉河等河流，逆流而上。遇上暴雨，湍急的水流增加了逆流而上的难度，但这并不会阻止裸鲤的行动，它们在人工修筑的鱼梯上上演"鱼跃龙门"的精彩瞬间。

道路困难重重，为什么裸鲤坚持溯洄呢？因为青海湖高盐、高碱，不利于性腺发育，逆流而上的过程中，水流刺激的裸鲤的性腺逐渐成熟。同时，高盐、高碱的环境不利于受精卵发育，裸鲤竭尽全力溯洄，为鱼宝宝提供一个良好的生长环境。

在水流较缓、河底有沙石的地方，雌鱼完成产卵。卵具有微黏沉性，黏附在石头、水草上，雄鱼找准机会完成授精。雌鱼一路游，一路产卵，雄鱼一路游，一路授精。游得越远，受精卵被河流冲刷带入湖中的几率越小；在淡水中，受精卵静静发育，成功孵化的几率很高。5天后，小鱼破膜，在淡水中生活一年后，再顺着水流回到青海湖。

小提示：

青海湖裸鲤的成熟雌雄个体拥有第二性征，雄性裸鲤的臀鳍有分叉和珠星，可以直接观察到。手触摸时，雄性臀鳍粗糙，棱角感明显；雌性臀鳍顺滑，阻力小。

五、自然世界的旅程

（一）我和鸟儿有个约会

飞羽寻踪

活动简介

带领学生走进湿地公园，学习基础观鸟技巧，认识身边的鸟类。树立爱护自然、保护环境的意识，迈出成为鸟类守护者的第一步。

活动流程		
环节	课程名称	时长
科普课堂	认识鸟类身体部位，学习、使用望远镜	20 分钟
实践观察	亲近自然，寻找鸟类精灵	70 分钟
绘画互动	制作我的观鸟笔记	50 分钟
互动分享	互动分享	10 分钟

（二）行为探秘

活动简介

通过课程，认识动物，学习动物日常行为，理解异常行为，探索行为背后的意义，培养善于观察、思考的能力，理解动物行为研究对指导动物保护的重要性，传递人与自然和谐相处的理念。

活动流程		
环节	课程名称	时长
实践观察	行为是个啥	30 分钟
科普课堂 1	吃吃喝喝——"动"生快事	50 分钟
休息		
游戏互动	互动玩乐——"动"生乐事	40 分钟
科普课堂 2	孕育后代——"动"生重事	40 分钟
互动分享	互动分享	20 分钟

（三）有趣的食物链

活动简介

带领学生了解青海省明星动植物，学习以高原鼠兔为主体的食物链、食物网知识；以超轻粘土制作动物家族，分享生态故事，传递人与自然和谐相处的理念。

活动流程		
环节	课程名称	时长
科普课堂	草原上的生死对决	30分钟
动手实践	制作生物家族	20分钟
互动分享	互动分享	20分钟

（四）叶片的艺术

活动简介

观察叶片形状，触摸叶片质地，认识叶片结构，学习单叶、复叶知识。收集掉落的树叶，精心选择，通过想象制作叶画。在活动中，激发学生的好奇心，让学生保持探索的热情。

活动流程		
环节	课程名称	时长
实践观察	身边的叶子	45 分钟
科普课堂	叶片知多少	30 分钟
动手实践	让叶片开出花来	45 分钟
互动分享	互动分享	10 分钟

主要参考文献

［1］马炜梁，寿海洋 . 植物的智慧 [M]. 北京：北京大学出版社，2021.

［2］卢琦，贾晓红 . 荒漠生态学 [M]. 北京：中国林业出版社，2019.

［3］陆树刚 . 植物分类学（第二版）[M]. 北京：科学出版社，2019.

［4］殷淑燕 . 植物地理学 [M]. 北京：科学出版社，2012.

［5］赵之旭，陈玉桂，邱池美等 . 腾格里沙漠沙生植物梭梭根系的研究 [J]. 陕西林业科技，2013(3):6-8.

［6］刘兵兵 . 温室植物苞叶大黄和塔黄"苞叶"平行进化的分子证据 [D]. 兰州大学，2012.

［7］黄敬文，代鑫，张冬有 . 树木年轮学新前沿和在中国的研究进展 [J]. 哈尔滨师范大学自然科学学报，2022,38(6):79-86.

［8］王树芝 . 青海都兰地区公元前515年以来树木年轮表的建立及应用 [J]. 考古与文物，2004(6):45-50.

［9］常涛，程潜，张振乾 . 高含油量油菜新品种选育研究进展 [J]. 分子植物育种，2019,17(13):4424-4430.

［10］李娜娜，李华，雷光春等 . 高原鼠兔的生态功能 [J]. 野生动物，2013，34(4):238-242.

［11］ 卫万荣，张灵菲，杨国荣.高原鼠兔洞系特征及功能研究 [J].草业学报，2013，22(6):198-204.

［12］ 赵汝舟，张天赐，李梦晨等.高原鼢鼠及斑头雁独特心肺系统的仿生学启示 [J].心脏杂志，2022,34(6).

［13］ 候建平，郑思思，朱丽琳等.低海拔与高海拔斑头雁肺脏的比较转录组学分析 [J].畜牧与兽医，2022，54(1):1-7.

［14］ 袁志胜，刘艳超，杨永炳等.黑颈鹤的基础生态学研究概述 [J].环境生态学，2023，5(4):57-67.

［15］ 肖姝阳.基于多元主体视角下大山包黑颈鹤自然保护区生态补偿机制优化对策研究 [D].云南财经大学，2024.

［16］ 郑佳鑫，左清秋，王刚等.藏狐的食物组成及其季节差异 [J].兽类学报，2023，43（4）398-411.

［17］ 朱倩，李路云，刘振生等.黑龙江三江国家级自然保护区赤狐的生境选择 [J].野生动物学报，2021，42(1):215-227.

［18］ 叶宏帅.高原鼠兔占域对两种高山雪雀分布的影响研究——以哲古草原为例 [D].西藏大学，2023.

［19］ 李涛，孟德怀，滕丽微等.基于红外相机技术的罗山国家级自然保护区赤狐活动节律 [J].野生动物学报，2020，41(4):891-896.

走近青海省自然资源

山宗水源

我们的青海

张钟月　黄朝晖　主编

青海人民出版社

图书在版编目（CIP）数据

走进青海省自然资源. 1，山宗水源，我们的青海 /
张钟月，黄朝晖主编. -- 西宁：青海人民出版社，
2024. 12. -- ISBN 978-7-225-06713-1

Ⅰ. X372.44-49

中国国家版本馆CIP数据核字第2024MT9940号

走进青海省自然资源

山宗水源，我们的青海

张钟月　黄朝晖　主编

出 版 人　樊原成

出版发行　青海人民出版社有限责任公司

西宁市五四西路 71 号　邮政编码：810023　电话：（0971）6143426（总编室）

发行热线　（0971）6143516/6137730

网　　址　http://www.qhrmcbs.com

印　　刷　青海雅丰彩色印刷有限责任公司

经　　销　新华书店

开　　本　880mm×1230mm　1/16

印　　张　9.75

字　　数　100 千

版　　次　2024 年 12 月第 1 版　2024 年 12 月第 1 次印刷

书　　号　ISBN 978-7-225-06713-1

定　　价　120.00 元（全 2 册）

目　录

第一章 话说山水起源

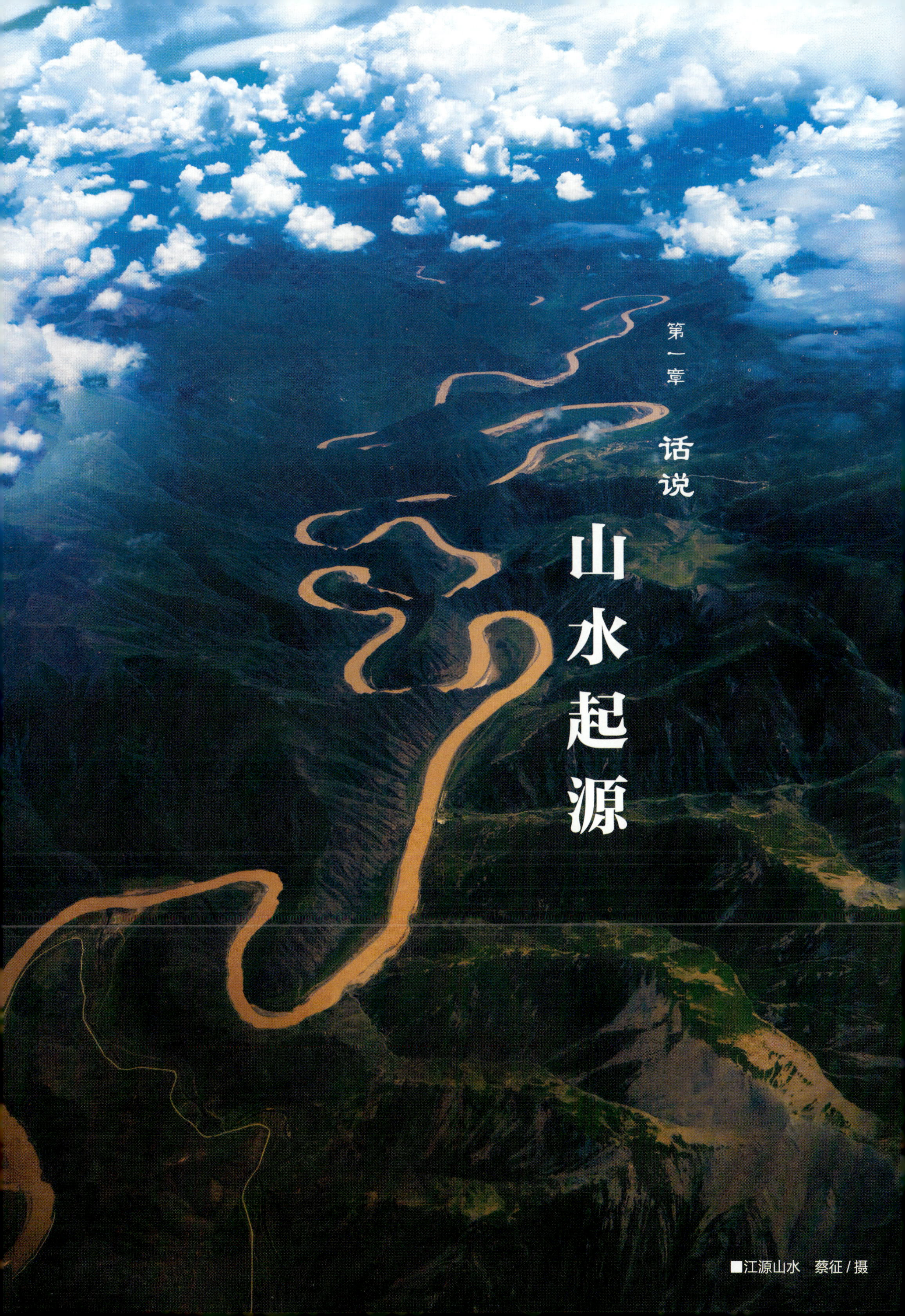

■江源山水　蔡征/摄

第1节
山脉，你从哪里来？

山，地表异于周边的隆起。当山势连绵，呈线状延伸时，可称之为山脉。山脉的高点，便是山峰。

在地球母亲所有的创造中，山的雄浑高耸、峰的壮丽峻峭、山脉的绵延起伏，各具特色，构建了地球最精致的"骨架"。

这些千姿百态的山脉又是怎么形成的呢？

■祁连山脉　曹生渊／摄

前奏：板块的离合

山脉的形成方式多种多样，但追溯源头我们发现山脉形成的起始与板块运动密切相关。板块运动在大范围内造成了地貌的起伏，奠定了大型山脉的基底，也为后续造山岩石的风化、剥蚀、搬运提供了物源。

板块构造学说认为，现今地球表面并非完整的铁板一块，而是由欧亚板块、太平洋板块、印度洋板块、非洲板块、美洲板块和南极板块六个不同形状和规模的被称为“板块”的刚性块体组成。而由于地幔的存在，板块也并非是静止状态。板块内部相对稳定，而在板块边界上，两个板块可能相合，也可能相离。两个板块相分离处，可能形成新的大洋；两个板块相拼合处，形成大陆甚至高原、山脉。而造成其离合的最重要的一个因素，就是洋中脊的存在。

洋中脊，顾名思义，就在大洋的中部，这里是地球上地壳最为薄弱的地方。科学家发现，岩浆正是从这里不停地溢流，遇到海水后便冷却形成新的洋壳。而新生成的洋壳不断推动着老的洋壳向周围运动，从而导致了板块的不断运动。

■板块运动示意图

在两个板块拼合、汇聚的边缘，特别是大洋板块和大陆板块，或者是两个大陆板块之间，当地幔热对流驱动一个板块撞向另一个板块，经过数百万年，数千万年，岩石不断堆积，便会形成巨型造山带。这里便是山的摇篮，而到这里，我们也便知道为什么能在海拔几千米高的喜马拉雅山脉中发现海洋生物化石。

造山吧，高原

青海所处的青藏高原是地球上最大、最高和最年轻的高原。穿越时空的隧道，我们发现青藏高原的形成演化远比我们想象的复杂。而在其中，造山则是不得不提的字眼。当翻开青藏高原地形图，你会发现高原上自北向南分布着多条巨型山脉。这些山脉正是不同地质历史时期，不同板块拼合、碰撞、挤压的产物。

大约在 5 亿年前，青藏高原还是以海洋为主，当时的海洋即始特提斯洋盆中散布着一些条带状微陆块群，伴随着板块运动的发展，大洋多次聚敛，板块边界上出现增生、碰撞和造山。此后的几亿年，特提斯洋分分合合，板块之间多次碰撞，这奠定了青藏高原的前身。巍峨的祁连山也是在那个时间段有了雏形。

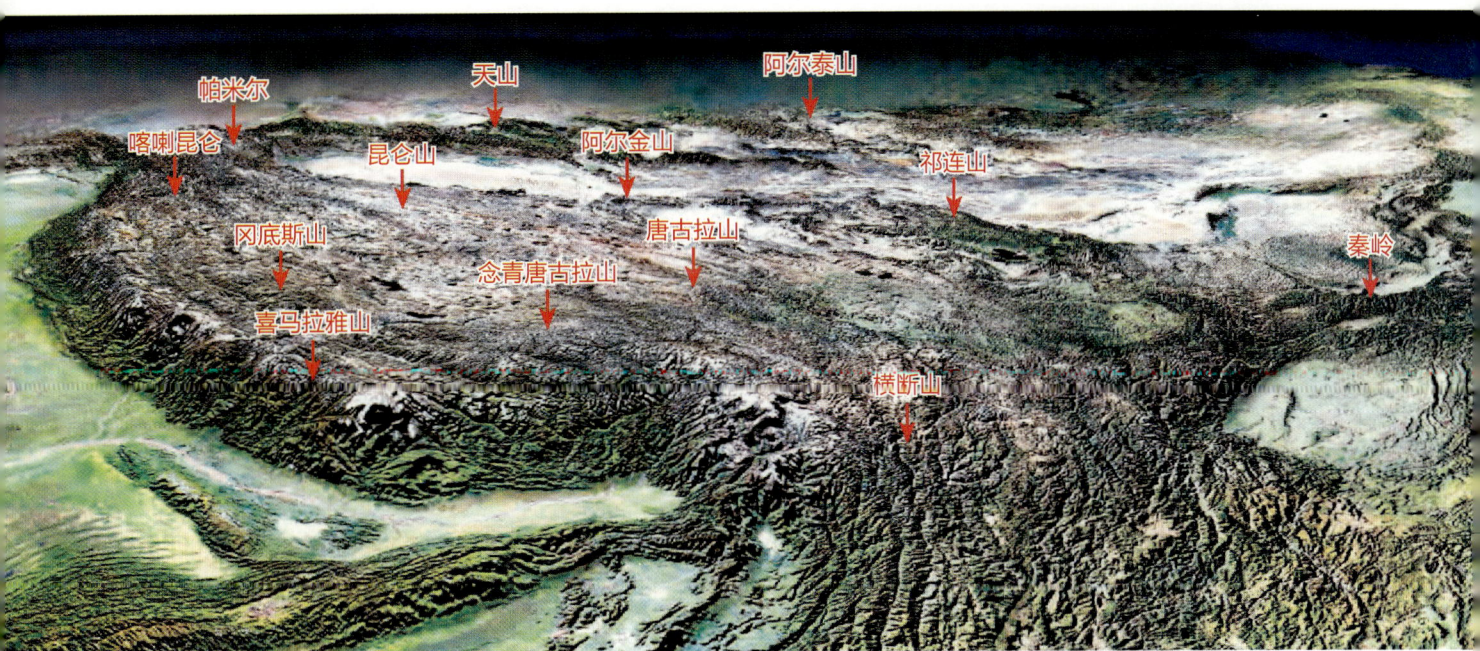

■青藏高原的地形地貌与主要山脉（图片源于中国科学院《从青藏高原到第三极和泛第三极》）

3亿年前，随着羌塘、拉萨等地块相继从南半球北漂归来，并与欧亚大陆先后拼合，唐古拉山脉、冈底斯山脉先后形成。6500万年前，伴随着印度次大陆从南半球姗姗赶来，并与欧亚大陆体相碰撞，形成了如今的喜马拉雅山脉，而且在青藏高原北缘和东缘，由于陆内造山作用，使早期形成的山脉在沉寂后又一次崛起。至此，造山的高原——青藏高原终于形成。我们耳熟能详的阿尔金—祁连山系、昆仑山系、喀喇昆仑—唐古拉山系、冈底斯—念青唐古拉山系、喜马拉雅山系、横断山系等高大山系也相继诞生。

■古老的祁连山　马生福／摄

那些山脉雕刻师

板块的伟力形成了山脉，但山脉形成后并不是永恒不变的，相反碰撞后的山脉才真正开始接受"洗礼"。在地质历史的长河中，高山可能最终将被风化和剥蚀为平地，而因局部构造变动、搬运剥蚀、风化沉积，甚至是冰川等作用也有可能改变原本的山脉面貌或形成新的山脉，这才最终形成了我们看到的现代山脉的面貌。

强劲的风化

山体在太阳辐射、大气、水和生物作用下会出现破碎、疏松甚至是矿物成分发生风化的现象。长年累月的风化不断塑造着山脉，我们经常看到的海拔较低、地势起伏和缓的山脉正是经过长期的外力作用风化剥蚀的产物。

流水的侵蚀

陆地上，流水对地形地貌包括山脉的改变是塑造我们现今看到的山脉面貌的重要动力。流水冲刷山脉，尤其是疏松地层，使山坡均匀降低。在沟谷处，强烈切割地面，导致沟槽交错。青海贵德阿什贡地区，由于岩层质地不同，强烈的流水作用导致沟谷发育，崩塌作用强烈，地面破碎，多形成石峰、石柱、石墙等地貌。

冰川的塑造

冰川是塑造地壳外貌的重要动力之一，冰川在发育、流动的过程中对山脉起冰蚀、搬运和堆积等作用。这些地质作用的相互配合，会形成角峰、刃脊、冰斗等大量不同形态的冰川冰蚀地貌。青海年宝玉则山地正是由于经历不同时期的冰川消融及冰蚀作用，演化出众多的陡壁石崖的冰蚀地貌景观。这种地貌姿态奇美、景色丰富，有的似人、有的如兽，栩栩如生、形态各异，有神工鬼斧之妙。

■风化作用形成的雅丹地貌　马生福／摄

■流水作用为主的贵德丹霞地貌　青海省自然资源博物馆／供图

■年宝玉则U型谷　青海省自然资源博物馆／供图

常见的几种山脉类型

褶皱山

褶皱山是地球上最常见的山脉类型，世界上最大的山脉基本均为褶皱山。当板块碰撞或俯冲时，板块边界地层往往会因为挤压弯曲和折叠形成山脉。喜马拉雅山脉崛起的原因便是印度洋板块与欧亚大陆板块的碰撞所致。板块内部区域地层因构造挤压，褶皱弯曲导致地形起伏而形成背斜山或向斜山。

断块山

断块山是地壳中由水平或倾斜岩层断裂上升所形成的山，断块一般都十分陡峻，并且和平原的界限十分明显。我国著名的西岳华山就是断块山。

火　山

当岩浆喷出地表时，喷出物在火山口附近堆积形成，由熔岩和火山碎屑组成，通常山形为锥形。火山通常分布于地壳断裂带、新构造运动强烈带或板块构造边缘，常呈带状分布。

■褶皱山－青海　马生福/摄

■断块山－华山

■火山－伦盖火山

第2节
河流是怎么形成的?

河流，陆地上经常或间歇有水流动的线形天然水道，它如血液般充盈在大陆上。河流为我们提供生活和生产所必需的水源和物资，也是人类迁移的主要通道，还催生出统一的国家和政权，对人类文明发展产生了巨大影响。

■黄河源头　蔡征／摄

积水成河

来自天空的雨雪降落到地面以后，一部分在高处或因寒冷凝结成冰川或雪，一部分渗透至地下，还有部分会因大气蒸发回到空中。但其中更多的水会聚集成地面流水，流水又自高处流向低处。

地面流水的汇集为河流的形成提供了先决条件，但远不足形成长期性的河流。

降水后，在陆地上沿斜坡流动的暂时性流水，我们称之为片流，片流会冲刷剥蚀山坡。片流分散，没有固定的流路，且受地面粗糙度影响，是地面流水发展的初期阶段。

当片流流向低处，在沟谷及河道形成暂时性线状流水，我们称之为洪流。洪流对沟谷强烈的冲刷作用常形成冲沟。在冲沟发育过程中，因流水下切到潜水面以下，沟谷水流得到地下水不断补给。洪流则由暂时性的流水转变为经常性的流水，冲沟就演变为河谷，从而发展为河流。

地势影响下的大河形成

河流的形成演变一方面受流水自身运动规律的控制，另一方面受地质构造影响，导致河流的面貌复杂多样。但在更大的尺度内，河流受地势特征的控制。我国西高东低的地势格局，决定了我国主要的河流——长江、黄河及珠江等均自西向东流入大海。而我国地势格局又与我们前文提到的板块运动息息相关，所以板块构造是造成现代河流分布、地貌的总根源。

6500 万年前，印度与欧亚大陆开始碰撞，这次碰撞在我国西部形成了世界屋脊"青藏高原"。同时，碰撞的远程效应造就我国西高东低的三级地势格局。在此过程中，长江上游水系从南流转向东流，最终导致长江于 2400 万年前后诞生。伴随着青藏高原的持续隆升，360 万年以来，黄河不断连通三门峡、临夏等古湖，向上溯源侵蚀，现代黄河始现。

■片流、洪流示意图

片流

洪流

自然界的水循环

　　李白有诗云："黄河之水天上来，奔流到海不复回。"现实中河水流到海中就真不复返了吗？并不是。自然界中的水并不存在于单一空间，也不以单一状态（水的固、液、气三种状态）存在。在太阳辐射及重力的作用下，自然界中的水由水圈进入大气圈，再经过岩石圈的表层返回水圈。如此不停循环，我们称之为水循环。

■水循环三维示意图

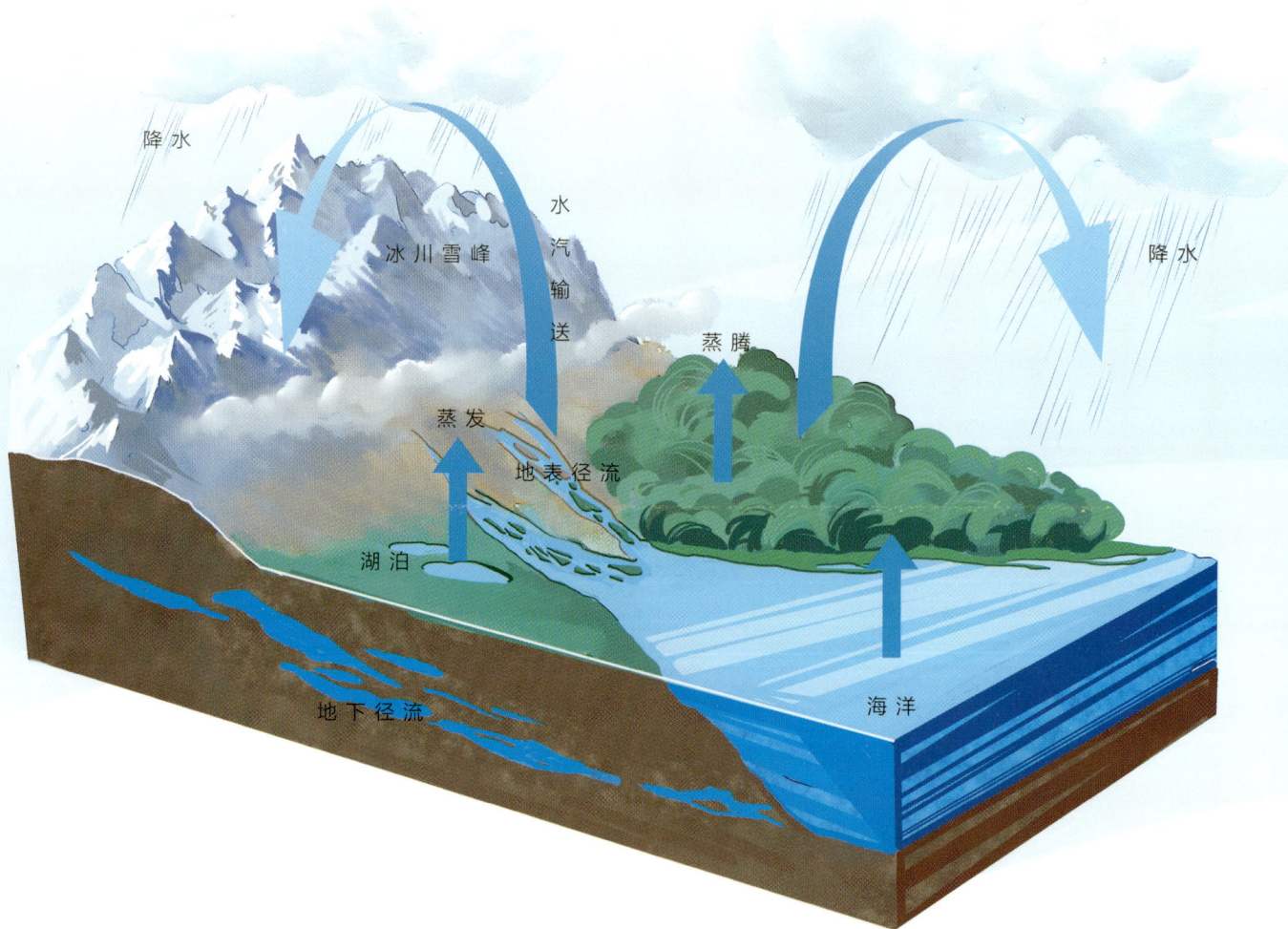

降水　冰川雪峰　水汽输送　蒸腾　降水　蒸发　地表径流　湖泊　海洋　地下径流

第3节
山水造就的多面青海

青海，居于祖国西部、青藏高原东北部

东部季风区、西北干旱半干旱区和青藏高寒区在这里交会

自北向南**阿尔金—祁连、昆仑、秦岭、唐古拉山系**横贯东西

长江、黄河、澜沧江、黑河、石羊河、疏勒河四散流出

青海湖、哈拉湖、扎陵湖、鄂陵湖等千湖如宝石般点缀

这里是**山的世界、水的故乡**

同时，也是我们的故乡

山水可能完全无法代表青海

但在一定程度上**塑造了**我们的青海

山水因**青海**而不同

青海也因山水而**多姿多彩**

■青海湖　蔡征／摄

在祁连山脉的大通山、日月山与青海南山的围堵
和限制中，周边山地的 50 条大小河流汇入青海湖中，
造就了中国最大的内陆湖泊，青海也因该湖得名。

青海西南部，高耸的地势和独特的地理位置发育数量众多的冰川雪峰、沼泽冻土，让这个地区成为水循环的起点，长江、黄河、澜沧江由此发育，这里也成了名副其实的"中华水塔"。

来自昆仑山南麓的冰川融水和高空降水汇成长江北源楚玛尔河，流水冲刷、搬运这里的新生代陆相红层，形成这条"红水河"（楚玛尔河藏语意）。

■右页上图　中华水塔　蔡征 / 摄
■右页下图　楚玛尔河　蔡征 / 摄

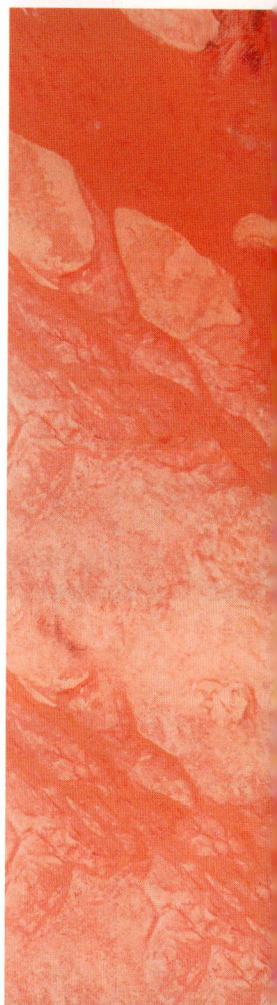

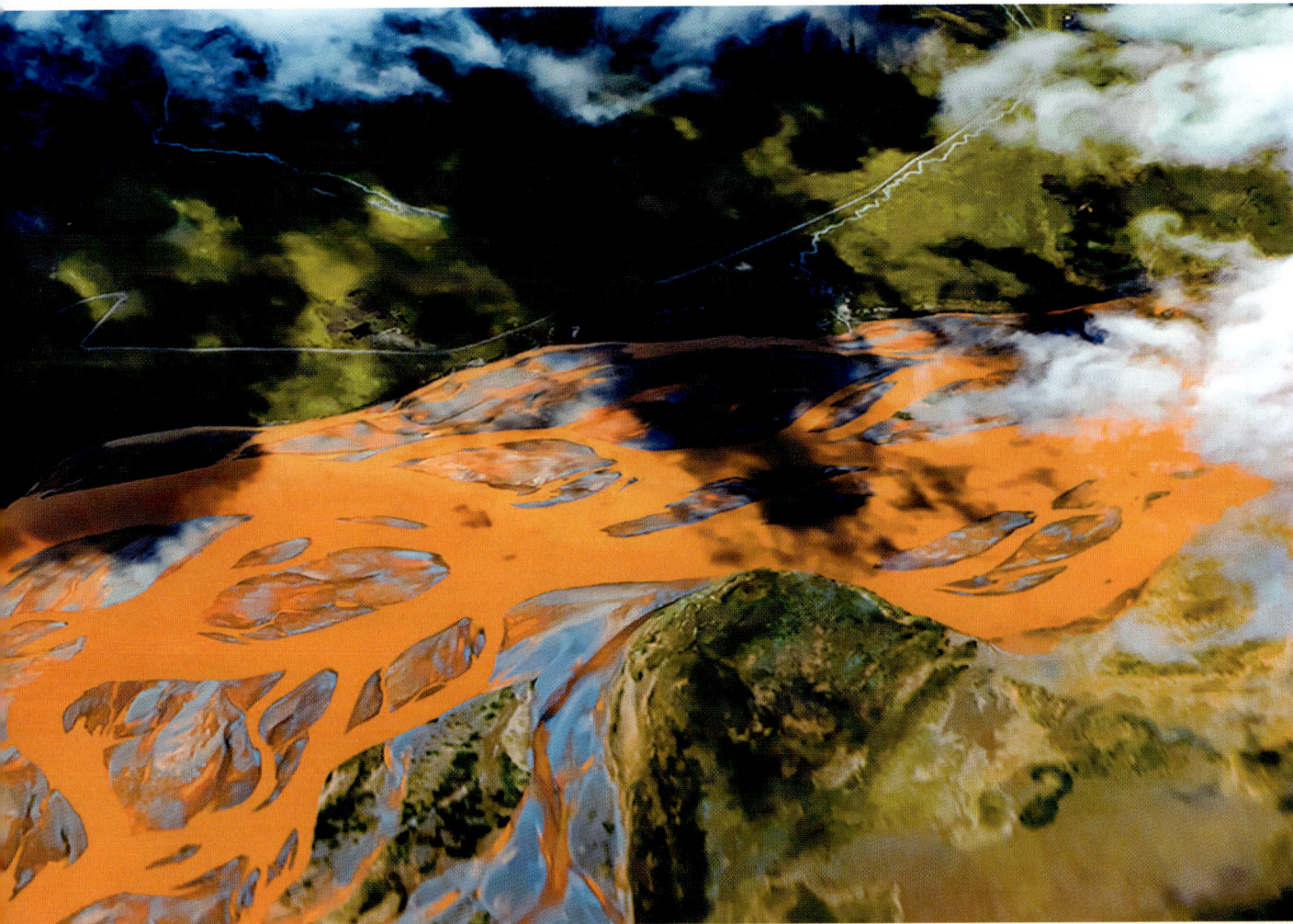

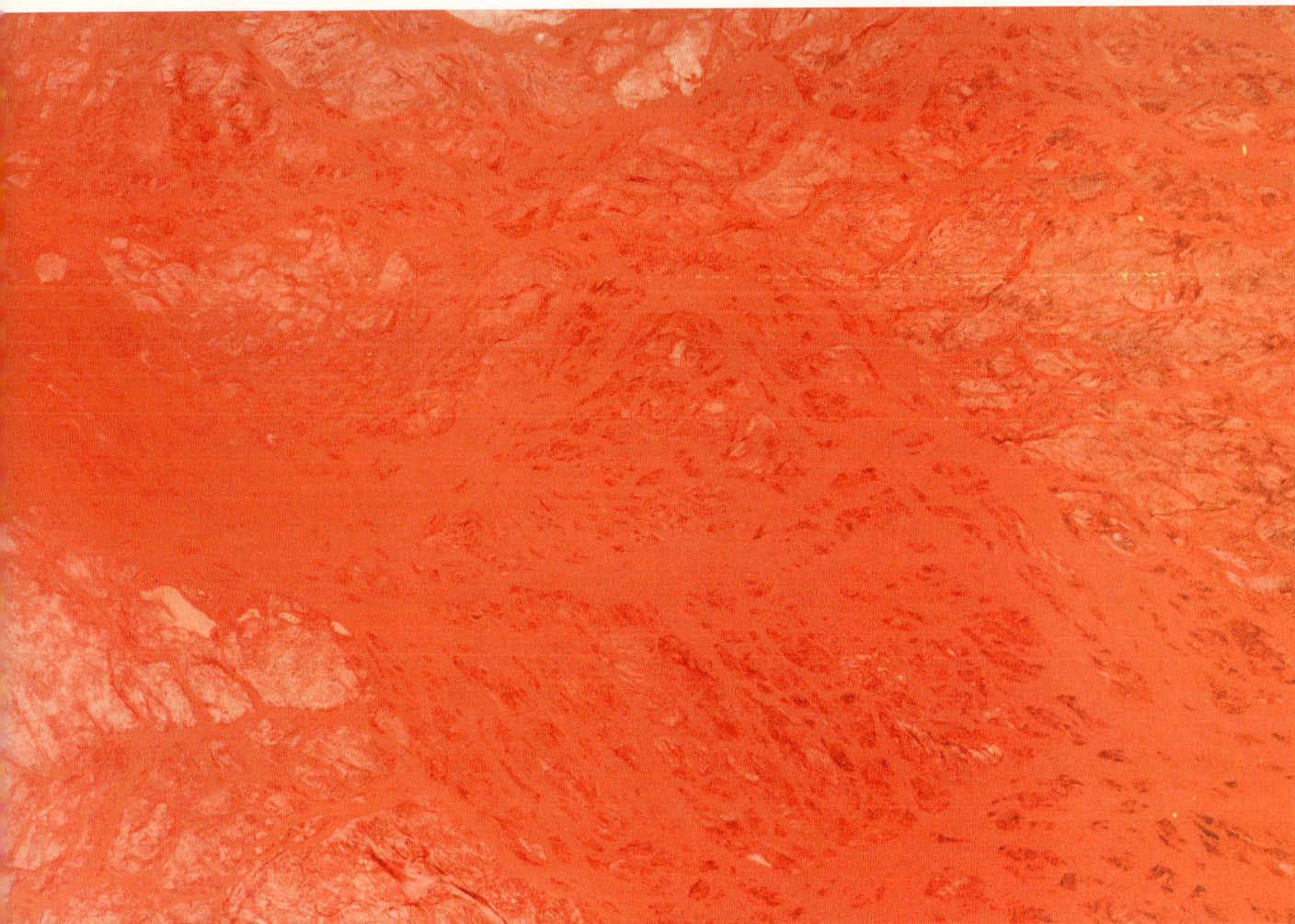

■河湟田园　焦生福／摄

022

黄河、湟水河自高处发源，当流水疾驰至青藏高原与黄土高原相交错的河湟地区，因地层质地、地形以及水、热条件的影响，河谷地貌发育，河水携带的碎屑在这里沉积，便形成了孕育河湟文化的河湟谷地，这片狭小的谷地养育了青海超过一半的人口。

在柴达木盆地边缘，来自昆仑山、祁连山冲沟中的暂时性流水，裹挟着山体中的岩土，在沟口或山坡低平地带，因流速减小而迅速堆积形成体积大坡度小的扇状堆积体，即洪积扇。在扇体边缘，地下水容易溢出形成地表滞水，进而形成绿洲，德令哈、格尔木等城市由此兴起。

■柴达木冲、洪积扇　焦生福／摄

第二章

以山为骨的

高地青海

■雪峰世界　蔡征／摄

第 **1** 节
青海，山的世界

青海之山，横贯东西。北起阿尔金—祁连山系、昆仑山系，南至秦岭山系、唐古拉山系，青海在万山环抱中诞生。

青海之山，地位特殊。有序排布的众多山脉，不仅构成了全省地貌轮廓的基本骨架，也成为重要的自然地理分界线和行政区划的界山，维护着青藏高原千万年来生态的平衡。

青海，作为青藏高原的主体之一，隆起的地势促成了这里的高海拔，而在古板块边缘及附近，造山作用让这里地势高耸，山系沿挤压碰撞方向东西线状生长。在各大山系、山脉之间分布着大大小小的盆地和谷地，一个个马鞍形的地貌格局由此形成。

受地质构造和流水、风力、冰雪寒冻、生物等外营力的影响，青海省地貌类型表现出复杂多样的特性，有高耸挺拔的山脉、辽阔的高原、大小高度不等的盆地、和缓起伏的丘陵以及宽展的谷地、幽深的峡谷等。总体来看，青海省地貌以山地为主，兼有平原、丘陵和台地。

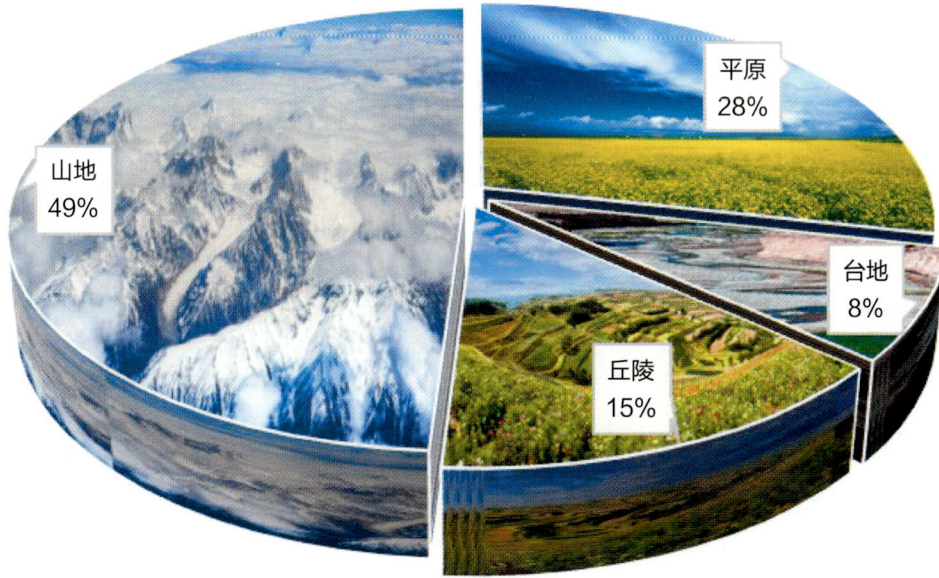

■青海省地貌类型占比图

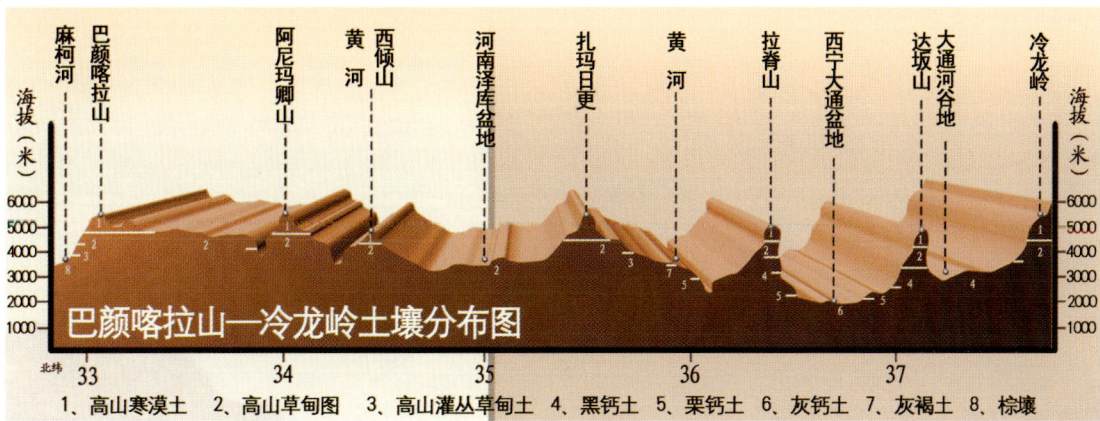

巴颜喀拉山—冷龙岭土壤分布图

1、高山寒漠土　2、高山草甸图　3、高山灌丛草甸土　4、黑钙土　5、栗钙土　6、灰钙土　7、灰褐土　8、棕壤

■青海省地形纵剖面

青海省境绝大部分为海拔 3000 米以上的高原山地，其中青南高原超过 4200 米，高原西部甚至达到了 4800 米以上。北部盘踞着祁连山脉、阿尔金山脉，唐古拉山脉雄踞于南部，其间分布着海拔 5500 米以上的山峰 202 座，海拔 5000~5500 米的山峰 1712 座，这些巍峨壮观的山地共同组成了一个山的世界。

■雪域龙脉　焦生福／摄

自省境内海拔最低的民和县下川口村（海拔 1647 米）至海拔最高的昆仑山脉布喀达坂峰（海拔 6851 米），一座座山拔地而起，或阻隔南北，或重叠连绵。这里是名副其实的万山之宗，绵延耸立着昆仑山、唐古拉山、祁连山、阿尔金山、博卡雷克塔格山、巴颜喀拉山、可可西里山、阿尼玛卿山、疏勒南山、拖来南山、阿尔金山、日月山等诸多著名山脉。分布全省的各大山脉雄浑博大，雪峰林立，高耸入云。其中，海拔超过 6000 米的山峰就有 10 座。

表 2-1　青海省 6000 米以上山峰海拔统计表

单位：米

山峰名	海拔	山峰名	海拔
布喀达坂峰	6851	巴冬	6047
各拉丹冬	6595	卡恰苏亚洛	6024
岗扎日	6292	加夯	6029
巴斯康根	6014	查仓玛	6023
马兰山	6025	拉沙日璨	6050

（以上数据采用青海省第一次地理国情普查数据）

第**2**节
万山之祖莽昆仑

昆仑山，可能是国人最为熟悉的一个山脉，它曾无数次地出现在从古到今的各类文学作品中，好似已经成为山的代名词，其"昆仑虚""中国第一神山""万祖之山""昆仑丘""万山之祖""龙脉之祖"的别称，无一不诉说着它在中华文化中的显赫地位。

真实的昆仑山远比神话中更为庞大、神秘，它西起帕米尔高原东部，沿塔里木盆地西南缘、南缘和柴达木盆地南缘向东延伸，至青海湖西南的鄂拉山为止，全长 2500 余千米，宽 130~200 千米，由昆盖山、公格尔山、慕士塔格山、塔西土鲁克山、阿尕孜山、康西瓦北山、喀拉塔格山、喀拉塔什山、乌斯腾塔格山、阿克塔格山、木孜塔格山、阿尔格山、马兰山、大雪峰、西沙松乌拉山、沙松乌拉山、博卡雷克塔格山、唐格乌拉山、布尔汗布达山、布青山等大小山脉绵延连接而成。

当我们打开中国地形图，发现绵长的昆仑山与中国中部的秦岭、大别山脉共同横亘于中国大地，其南北风格迥异。这条山系线，就是中央造山系，它如骨架般撑起了这个伟大的国度。昆仑山在其中领衔而生，于是乎，为什么昆仑山叫龙脉之祖，便有了地理学的终极答案。

横空出世——莽昆仑

　　约 6 亿年前，正如昆仑山所处的中国西部大部一样，几乎全被海洋覆盖，胚胎里的昆仑山只是一些漂泊于海洋的孤岛。而后，在距今 2.5 亿年左右的中生代三叠纪，塔里木盆地和南面的一系列小地块碰撞导致西昆仑隆升，来自南半球古冈瓦纳大陆的一个离散小陆块与柴达木陆块拼接形成东昆仑。至此，巍峨的古昆仑山在板块碰撞产生的挤压下不断向上抬升形成。

　　但是，由于受地表风化作用的影响，最初隆起的山石早已被剥蚀殆尽，现今的昆仑山则是在古昆仑山的基础上由印度洋板块向亚欧板块挤压产生，直到距今 360 万年前，我们今天看到的巍巍昆仑才得以完全形成。就算是到了今天，这里也是新构造运动最活跃的地区之一，并以巨大的垂直隆升运动和强大的断裂作用为主要特征。

■阻隔南北的昆仑山　蔡征 / 摄

■左页图　昆仑山断裂带（红线指示部分） 马生福 / 供图

阻隔南北——巍昆仑

终于，渐次隆起的昆仑山，在地球伟力的推动下成为中国境内最长大的山系，成为当之无愧的"亚洲脊柱"。但再大的力量也不能让如此巨大的山系成为铁板一块，地体、岩石、外动力的差异让这巨大的山系在不同部分都显露着自己的特征。

于是，我们看到与喀喇昆仑相接，自叶尔羌河至琼木孜塔格—尼雅河段间绵延约 700 千米的西昆仑，海拔 6000 米以上的山地面积之广超过我国西部任何山系，最高峰达 7167 米。

到了与喀喇昆仑渐远的中昆仑，没有了喀喇昆仑、喜马拉雅的强大挤压力，这里的山势渐缓，这才看到自琼木孜塔格—尼雅河至格尔木河段间近 110 千米的山系，宽度达到约 500 千米，这里也是山系最宽的地段。

再往东，较为低矮的柴达木陆块已无法支撑东昆仑向上生长，因此山势比西昆仑山和中昆仑山低得多，只有阿尼玛卿山的最高峰——玛卿岗日峰（6282 米）海拔超过 6000 米，一般山脊多在 5500 米左右，是昆仑山系中山地高度最低的一个地段。

在这里，山峰和山脉海拔的体现可能更为直观，西昆仑山海拔在 7000 米以上的山峰有 3 座，6000 米以上的山峰有 7 座，平均海拔为 5500~6000 米；中昆仑山海拔 6000 米以上的山峰有 8 座，平均海拔 5000~5500 米；东昆仑山海拔 6000 米以上的山峰有 4 座，5000 米以上的山峰有 8 座，平均海拔 4500~5000 米，积雪分布在 5800 米以上的山峰。

成型后的高大昆仑山阻隔了西南季风带来的印度洋水汽，昆仑山北侧的塔里木盆地和柴达木盆地成为世界上最干旱的地区之一。但当我们由北至南翻过昆仑山口后，便登上了青藏高原上的高原——青南高原。如此，从北边看像一堵高墙一样的昆仑山便又成了大屏障。

冰雪有意——净昆仑

高大的昆仑山阻挡了来自海洋的水汽，除在其以北形成大片的沙漠以外，也使自身成为亚洲内陆最干旱的地区之一。但高海拔且夷平面广泛发育又为冰川的发育提供了宽阔的积累区，雪线之上极寒低温的环境又为冰川保存提供了有利的气候条件。因此，昆仑山成为亚洲内陆巨大的冰川作用中心。

根据第二次冰川编目的中国冰川现状研究，在中国的所有山系中，分布在昆仑山山系的冰川数量最多（8922条），面积和冰储量也最大，其数量、面积和冰储量占全国冰川各自总量的18.37%、22.26%和24.62%。

表2-2　第二次冰川编目的中国西部各山系（高原）冰川数量统计

山系（高原）	数量		面积		冰储量	
	（条）	（%）	（km²）	（%）	（km³）	（%）
阿尔泰山	273	0.56	178.79	0.35	10.50±0.21	0.23
穆斯套岭	12	0.02	8.96	0.02	0.40±0.03	0.01
天山	7934	16.33	7179.77	13.87	707.95±45.05	15.75
喀喇昆仑山	5316	10.94	5988.67	11.57	592.86±34.68	13.19
帕米尔高原	1612	3.32	2159.62	4.17	176.89±4.63	3.94
昆仑山	8922	18.37	11524.13	22.26	1106.34±56.60	24.62
阿尔金山	466	0.96	295.11	0.57	15.36±0.65	0.34
祁连山	2683	5.52	1597.81	3.09	84.48±3.13	1.88
唐古拉山	1595	3.28	1843.91	3.56	140.34±1.70	3.12
羌塘高原	1162	2.39	1917.74	3.70	157.29±3.11	3.50
冈底斯山	3703	7.62	1296.33	2.50	56.62±3.43	1.26
喜马拉雅山	6072	12.50	6820.98	13.18	533.16±8.71	11.87
念青唐古拉山	6860	14.12	9559.20	18.47	835.30±31.30	18.59
横断山	1961	4.04	1395.06	2.69	76.50±2.41	1.70
总计	48571	100.00	51766.08	100.00	4494.00±175.93	100.00

尤其西昆仑，尽管气候干燥，但昆仑山系大约三分之二的冰川集中于此。发源于高山冰川的许多大河如叶尔羌河、喀拉喀什河、玉龙喀什河及克里雅河等切穿山体，经过宽广的山前平原浇灌着肥沃富饶的绿洲，这才造就了一个富庶的南疆。

而在青海，处于老年地貌发育状态的东昆仑冰川已经呈现出不同程度的萎缩，但在这个过程中，持续的多期冰川作用让昆仑山地区留下了诸多冰斗、角峰和刃脊等冰蚀地质遗迹。昆仑山第四纪冰川遗迹，完整地记录了冰雪堆积、冰川形成、冰川运动、侵蚀岩体、搬运岩石的全过程，是中国西部古气候变化和地质演化的历史记录，对研究全球古气候变化和地质发展史具有极高的科学价值。

■玉珠峰北坡冰舌　焦生福／摄

■玉珠峰冰舌末端　马生福／摄

■香炉峰　马生福／摄

■东昆仑冰川地貌组图

玉出昆仑——富昆仑

亿万年的地质演变史，让昆仑山拥有雄浑伟岸的身躯、峰壑争秀的外表，也让昆仑山孕育了时间的结晶。其中，最为人称道的莫过于玉石。

在持续的造山过程中，岩石沿断裂带不断出露，当富含硅的中酸性岩浆与先期形成的富含镁、钙的白云石大理岩相互交代，在构造活动中经历一系列复杂的物理、化学变化，最终形成昆仑山地区的玉石矿。

在新疆和田，汲取过昆仑冰川融水的玉龙喀什河汇入和田河，山中的玉石被河水日积月累地不断冲刷，形成温润柔和的和田玉，这也形成了和田玉以籽料为主的特点。在青海格尔木，流水冲刷作用较弱，这也让留在山中的玉石矿在山中呈脉状分布，形成以山料为主的昆仑玉。2008年北京奥运会奖牌中昆仑玉的使用，让昆仑玉享誉国内外。

除了玉石以外，造山过程也让昆仑山成矿条件优渥。比如青海省内东昆仑，因矿产资源丰富，有金边、金腰带之称。近年来，该地区陆续发现一批大、中型矿产地，如夏日哈木铜镍矿、白干湖钨锡矿、尕林格铁矿、四角羊铅锌矿等，使该区成为我国十大新的战略资源接替基地之一。

当我们看完上面，发现昆仑山不只有神话，它的宏伟超过了我们的想象。地球伟力创造这座超级山脉的同时，也为中国西部打造了无可比拟的资源和能源条件。未来，随着科考新成果的发现，更多的神秘会被揭示。昆仑山国家公园即将建立，在发展中保护，在保护中发展，碰撞与融合、创造与新生，也将因昆仑山而不断上演。

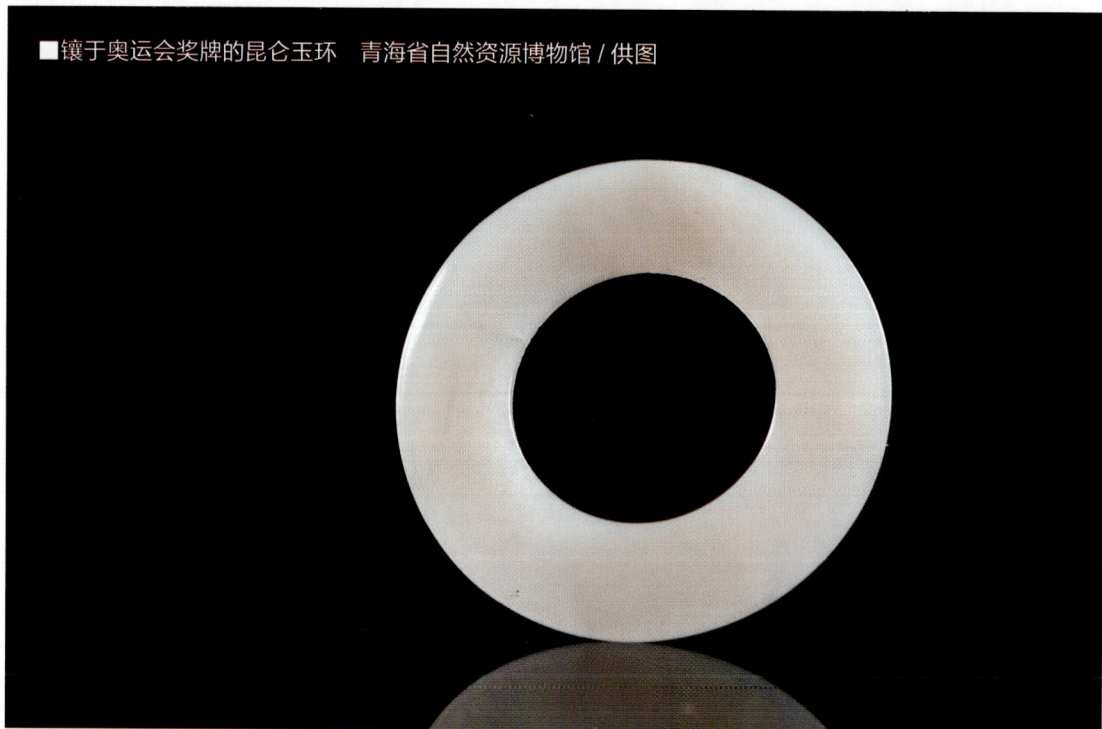

■镶于奥运会奖牌的昆仑玉环　青海省自然资源博物馆／供图

第**3**节
中国湿岛祁连山

在中国西部，青海省东北部与甘肃省西部边界区域，有这样一座山脉，它像是一座伸进西部干旱区的湿岛，它北边是北山戈壁和巴丹吉林沙漠，南边有柴达木盆地，西边是库姆塔格沙漠，东边有黄土高原，它就是祁连山。

"失我祁连山，使我六畜不蕃息。"

自汉代以来，祁连山的名称，便随着汉朝打通河西走廊而载入史册，并沿袭至今。此后，祁连山在中国西北地域文化中便成为一座不可逾越的丰碑之山，与河西走廊紧紧联系在一起。随着我们认识的加深，祁连山在冰川、水文等方面的重要性越来越受到人们的关注。但不止于此，当你真正深入祁连山的腹地，在草原、谷地、山巅、荒野、湿地穿行后，才能感受到它的博大精深，才明白对祁连山的所有描述真的都太过简单，祁连山的地理意义和文化内涵远超出我们的想象。

"初代"祁连山的面貌并不齐整，仅指今天横亘在甘肃省和青海省交界处自东向西的冷龙岭、走廊南山、托来山、托来南山等一线山脉，即今天狭义上的祁连山。广义上的祁连山，则指东起乌鞘岭的松山，西到当金山口，北临河西走廊，南靠柴达木盆地的整个广大区域内的山脉山系，包括拉脊山、日月山、青海南山、哈尔科山、柴达木山等。甚至青海湖也被包裹在其中。从宏观尺度看，祁连山是由七条互相平行的山脊线及其相夹的狭长谷地组成，均沿甘肃、青海省界呈西北一东南走向。山脉长约850千米，七条平行山脊线宽200~400千米，祁连山脉在最北山脊线之北面向河西走廊的山脚，海拔2200~2300米，以南各山脊线之间所夹的各谷地，海拔2800~3400米。盆岭相间和高海拔注定了这里的不平凡，草原、森林、湖泊、河流、雪山等景观汇聚于此。

兰州市

巴 丹 吉 林 沙 漠

西宁市

走 廊

青海湖

西

河

哈拉湖

库 木 塔 格 沙 漠

柴 达 木 盆 地

重要的地理分界线

6500万年前的一次大碰撞形成现在的"世界屋脊"——青藏高原，而在高原北部边界处，阿拉善地块和柴达木地块的挤压以及青藏高原的扩展远程效应塑造了现今祁连山的面貌，使其阻隔南北，成为重要的地理分界线。

青藏高原的隆升导致了中国三级阶梯地势格局的形成，而高原北界的祁连山正处于一级、二级阶梯的分界线，也是河西走廊、黄土高原和青藏高原的分界线，从南到北、从东到西，到了这里，我们发现地势突然拔高，这其中就包括数不尽的海拔4000米以上的高峰，20余座海拔5000米以上的高峰。

更重要的是，祁连山中部也是我国东部季风区与西北干旱区的分界线，400毫米等降水量线穿其而过。这也就解释了为什么祁连山自东南向西北一路行进，降水逐渐减少，周围的景色也从森林逐渐过渡到草原，最后是戈壁荒漠。

西北干旱区的生态屏障

祁连山地处青藏、内蒙古、黄土三大高原交会地带，它的存在阻挡着腾格里、巴丹吉林、库姆塔格三大沙漠的南侵，像一堵城墙一样保护着南面的河湟谷地、青海湖盆地、甘肃中部及南部。甚至是保护着包括三江源在内的青藏高原大片地区。可以说，如果没有祁连山，那么内蒙古草原的沙漠将直接与柴达木盆地的荒漠连接在一起，形成横亘于中国中西部的庞大荒漠带。

同时，在中国等降水量线图上，我们也可以清晰地看到祁连山是在200到400毫米等降水量中包围着的唯一一个400毫米降水以上的地区，就像是干旱区中的一个湿岛。正因为其湿岛性质，这里也成为黑河、疏勒河、石羊河等河西走廊内陆河源头的主要分布区，黄河上游重要水源涵养区和产流地，滋养着河西走廊、河湟谷地、柴达木盆地及黑河下游绿洲等近14万平方千米的广大区域，维系着我国西北干旱区生态平衡，这里也成了无可撼动的西北干旱区的生态屏障。

■左页图　广义的祁连山范围示意图　马生福／供图

041

■祁连山东段森林　祁连山国家公园管理局 / 供图

■祁连山中段草原　马生福 / 摄

■祁连山西段荒漠　马生福 / 摄

濒危物种的集中分布区

地处气候交汇带、高耸的海拔，让祁连山发育和保持了大面积梯度差异显著、生态结构完整、类型多样的高山高原复合生态系统，是大尺度垂直带谱的典型代表。由于降雨量从东到西依次减少，祁连山的植被，自东到西也是逐渐呈现荒漠化的特征。东段的森林、中段的草原、西段的荒漠，成为祁连山三段自然景观的典型代表。

在垂直方向上，由于受到山地气候垂直变化影响，植被类型也出现相应的垂直变化，自下而上依次呈现为草原化荒漠植被、山地草原、山地森林草原、高山灌丛草甸和高山垫状植被。这里也因为生态结构完整，成为"教科书"式的高山高原复合生态系统。

祁连山在水平和垂直方向上的变化，形成了独特的地貌类型和复杂多样的生境，成为大尺度垂直带谱的典型代表，也成为同纬度高海拔区域生物多样性最多、最独特、最集中的区域，以占青藏高原1.9%的面积，孕育着青藏高原10.2%的维管植物和23.7%的脊椎动物。高山裸岩上巡视领地的雪豹、草原荒野间嬉戏打闹的藏狐、湿地湖泊中引吭高歌的黑颈鹤、蓝天白云中逍遥飞翔的大鵟……良好的生态环境，使祁连山国家公园成为野生动植物生长的欢乐净土。祁连山成为全世界最容易"邂逅"荒漠猫的地方；5只雪豹、5只荒漠猫、6只兔狲、5只猞猁同框的罕见画面先后亮相，使祁连山成为"四猫"最佳生存地。

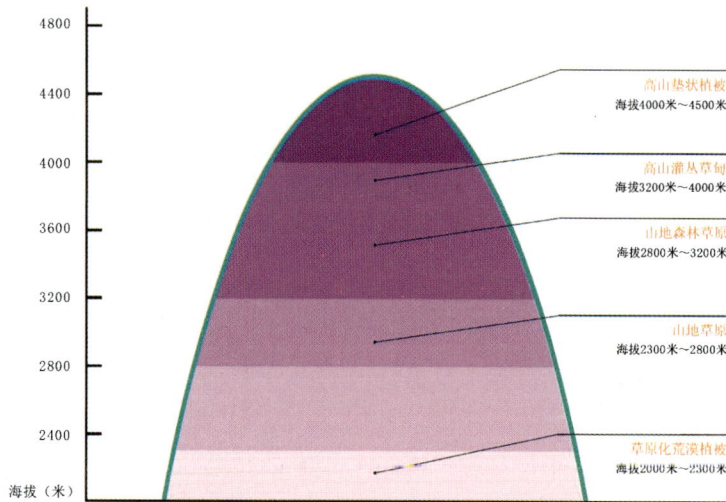

高山垫状植被
海拔4000米～4500米

高山灌丛草甸
海拔3200米～4000米

山地森林草原
海拔2800米～3200米

山地草原
海拔2300米～2800米

草原化荒漠植被
海拔2000米～2300米

海拔（米）

■牛心山垂直景观示意图

■藏狐和喜马拉雅旱獭的生死对决　鲍永清 / 摄

■当兔狲妈妈说跑步前进　李善元 / 摄

丝绸之路的幕后英雄

源自祁连山的黑河、疏勒河、石羊河等河流孕育了河西走廊大片的绿洲。我们可以假设，假如没有祁连山的庇护，没有雪山和冰川融水，就没有流向河西走廊的河流，也就没有河西走廊的绿洲，没有了绿洲，没有了河流，就没有了河西走廊，所以祁连山就是丝绸之路的幕后英雄。

河西走廊、丝绸之路对于中国的重要性不言而喻，它们是古代中国内地通向西域各地最便捷的通道，河西走廊也成为丝绸之路和欧亚大陆桥的必经之途。更重要的是，因为河西走廊和丝绸之路，让中国的政治和文化渡过了中国西北如海的沙漠，在2000多年的时间里与西域握手相接，奠定了中国如今的版图基础。而这些，都与祁连山息息相关，祁连山造就和养育的冰川、河流与绿洲成为桥梁，让中国人在其护卫下昂首走过天山和帕米尔高原，实现与欧洲国家交流互通。

消逝的冰川

　　地处气候交汇带的祁连山，这里的冰川同样为人所称道。自太平洋上远道而来，携带着暖湿气流的东南季风，在祁连山的阻拦下耗尽了最后的力气，在祁连山东坡塑造了粗犷、壮观的山谷冰川。而祁连山本身，高大的山峰截住了气流和云团，在高山发育了众多的雪山和冰川，海拔 5000 米以上的山峰终年积雪。而如此形成的近 2700 条冰川无疑是一个巨大的固体水库。更重要的是，祁连山冰川属于大陆型冰川，相对稳定，不易受气候变化影响，也可以调节河流的年径流量，保证水量的稳定。低温湿润季节的降水以冰雪形式积存起来，在高温少雨季节又以融水补给河流。如此循环，这才让这座"湿岛"孕育了诸多河流、绿洲。

■祁连山冰川——八一冰川　蔡征/摄

但是，随着全球气候变暖、人类活动频繁，祁连山冰川消融加速，有关研究所显示的数据让人震惊：

中国科学院寒旱所研究预测祁连山冰川将在 2050 年左右达到融化极值；

王乃昂认为 50 多年来祁连山冰川面积平均退缩了 35.6%；

李虹蓉预计到 2045 年祁连山冰川面积将减少超过 50%；

……

这些数据表明，祁连山冰川已经成为世界上退缩最快的冰川之一。

我们发现，祁连山雪线上移、植被退化、冻土消融等问题已经来到我们面前，重新认识了如此的祁连山，我们好像更明白为什么说"保护祁连山就是保护我们自己"，而该怎么做，值得我们每个人去思考。

第4节
雪域雄脉唐古拉

■高原上的山——唐古拉山　青海省自然资源博物馆 / 供图

唐古拉山，一座横亘于青藏高原中部、青海省和西藏自治区交界处的巨大山脉。它西起赤布张错，自北向东绵延 700 千米后与横断山脉的云岭和怒山相接。以 160 千米的宽度起伏于高原面之上，山体北坡平缓，南坡稍陡。唐古拉山脉不仅孕育了滋润中国的伟大长江，同时还孕育滋润了东南亚诸国的澜沧江—湄公河，还有同样伟大的怒江和萨尔温江。可以说，看似平淡的唐古拉山脉，堪称"亚洲水脉"。

　　唐古拉山得名与其外形有着莫大的联系，其又称当拉山或者当拉岭，藏语意为"台阶形的山"或"高原上的山"，在蒙语中意为"雄鹰飞不过去的高山"。其蒙语名说明唐古拉山之高，而其藏语名形象地说明由于唐古拉山立于高大的高原面之上，宏观外形似台阶一样。曾有俗语"唐古拉，远看是山，近看不是山"，正说明了其山体宽大、海拔高、坡度较缓的特点。

沧海成山

早在距今 1.4 亿年以前,唐古拉山地区还是一片广阔的海洋,氧气充足并且气候温暖湿润,所以这里有大量的海洋生物生存。这也是为什么我们能在开心岭等海拔如此高的地方看见各种海洋生物化石。

早期唐古拉山所处的海洋海底地质活动较为强烈,组成了海相沉积岩层(灰岩)夹火山岩地层,之后由于发生了大规模的地壳运动,海水逐渐退出,并且逐渐形成了内陆高山,即唐古拉山山脉的雏形。

6500 万年以来,发生在新生代早期的印度—欧亚大陆碰撞及其后的楔入作用使得唐古拉山再次大规模断块隆升,形成现如今的高大山脉。此后的千万年间,地质活动和风化、剥蚀等一直影响着处于高原中部的唐古拉山。由于唐古拉山接近高原腹地,侵蚀相对微弱,因此发育和保存了较完整的早第三纪和晚第三纪的两级夷平面,这些夷平面和坐落在其上的古蚀余残山就成为现代冰川和第四纪冰川赖以发育的基础。

知识小窗——夷平面

所谓夷平面,是指由剥蚀作用和夷平作用产生的、以截面形式横切所有年代更久的地层、构造的一种平缓地形。通俗地说,在地质历史上形成的岩层也好,各种构造也好,在遭遇了外界的风化剥蚀、流水侵蚀、冰冻溶蚀等作用后,地貌好像被横切了一刀那样,横切面之上的碎石、土壤都被带走,留下了一片平坦的大地,这就是夷平面。

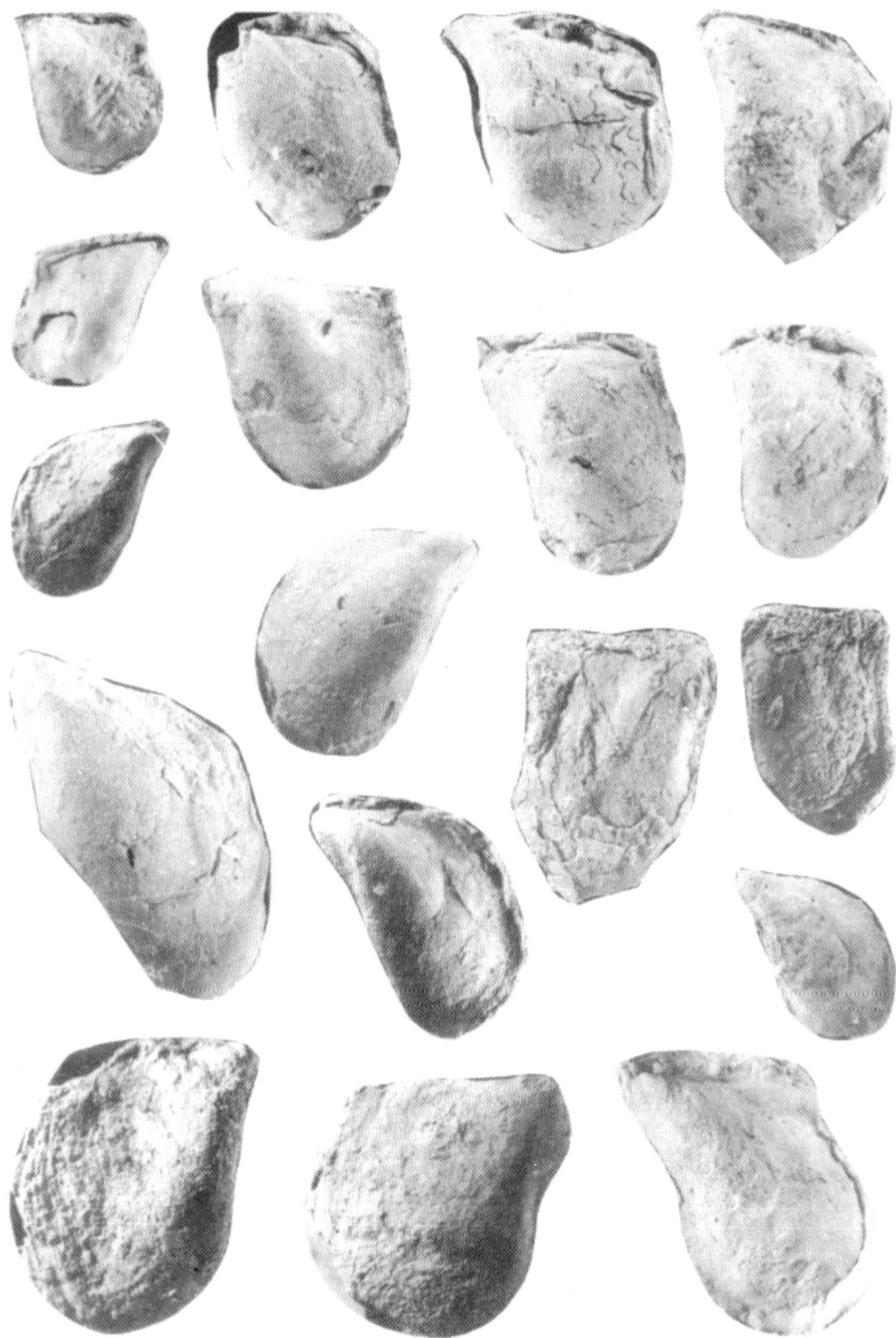

大分水岭

唐古拉山脉孕育长江、澜沧江、怒江和萨尔温江的同时，唐古拉山西段为藏北内陆水系与外流水系的分水岭，东段则是印度洋水系与太平洋水系的分水岭。唐古拉山脉与横断山脉、喀喇昆仑山脉共同组成了青藏高原分水岭山脉，也是世界屋脊的"脊梁"。可以说，看似平淡的唐古拉山脉，确是青藏高原的"大分水岭"。

同时，唐古拉山脉还是青藏高原南北降水分界线。研究发现高原以唐古拉山为界，南部降水受印度季风影响，北部降水与西风带相关联。

大河之源

冰川，唐古拉山脉又一不得不提的地貌。唐古拉山脉 1595 条冰川的滴滴融水，化作涓涓细流淌过山间、跌进深谷、冲出峡谷，成为奔流不息的长江，澜沧江、怒江……发育诸多江河的同时，唐古拉山还是印度夏季风北上的第二大屏障，也是我国海洋性冰川向大陆性冰川过渡的重要地带。

在地形地势、气候区位的影响下，唐古拉山脉的冰川也有了自己的特点。其中，东部是山谷冰川发育区；中部是山谷冰川向冰帽冰川过渡区，此区的冰川发育兼备了冰帽冰川和山谷冰川的特点；西部是冰帽冰川发育区。

■各拉丹冬冰川　青海省地理空间和自然资源大数据中心 / 供图

　　最典型的冰川是唐古拉山脉最高峰各拉丹冬，海拔6621 米，是唐古拉山脉现代山地冰川、多年冻土最为发育的地区之一。各拉丹冬南坡是西藏面积最大的湖泊色林错的主要补给河流扎加藏布的发源地，而北坡是长江正源沱沱河的发源地。

□长江源——各拉丹冬冰川 青海省自然资源博物馆/供图

比山还高的"路"

唐古拉山很高，但更高的是人类开拓的勇气。

新中国成立以来，为了打通西藏交通，党和人民经过几十年的不懈建设，终于建成包括青藏公路和青藏铁路在内的青藏线。其中，青藏铁路的建设结束了西藏的百年无铁路历史，被誉为天路，是世界上海拔最高、在冻土上路程最长的高原铁路。

在建设过程中，唐古拉山成为挡在建设者面前的天堑。唐古拉山越岭地段是青藏铁路全线气候最恶劣、地质条件最差、施工难度最大的区段，冻胀、融沉、雨雪、冰雹、寒风让这里成了建设者们的"地狱"。经过半个世纪的建设，在克服千里多年冻土的地质构造、高寒缺氧的环境和脆弱的生态三个世界级铁路建设难题后，2006 年青藏铁路建成通车。青藏铁路的建成对改变青藏高原贫困落后面貌，增进各民族团结进步和共同繁荣，促进青海与西藏经济社会又快又好发展产生广泛而深远的影响。

经过唐古拉山脉的淬炼，青藏铁路建成时，创造了多个世界之最，成为世界铁路建设史上的一座丰碑。

■青藏铁路与冰川 马生福／摄

【青藏铁路之最】

世界上海拔最高的铁路——青藏铁路

世界上最高的高原冻土隧道——风火山隧道

世界上最长的高原冻土隧道——昆仑山隧道

世界上海拔最高的火车站——唐古拉车站

我国最大的高原铁路铺架基地——青藏铁路南山口铺架基地

青藏铁路线上最长的"以桥代路"工程——清水河特大桥工程

青藏铁路第一高桥——三岔河大桥

长江源头第一铁路桥——长江源特大桥

第5节
魔幻秘境阿尔金

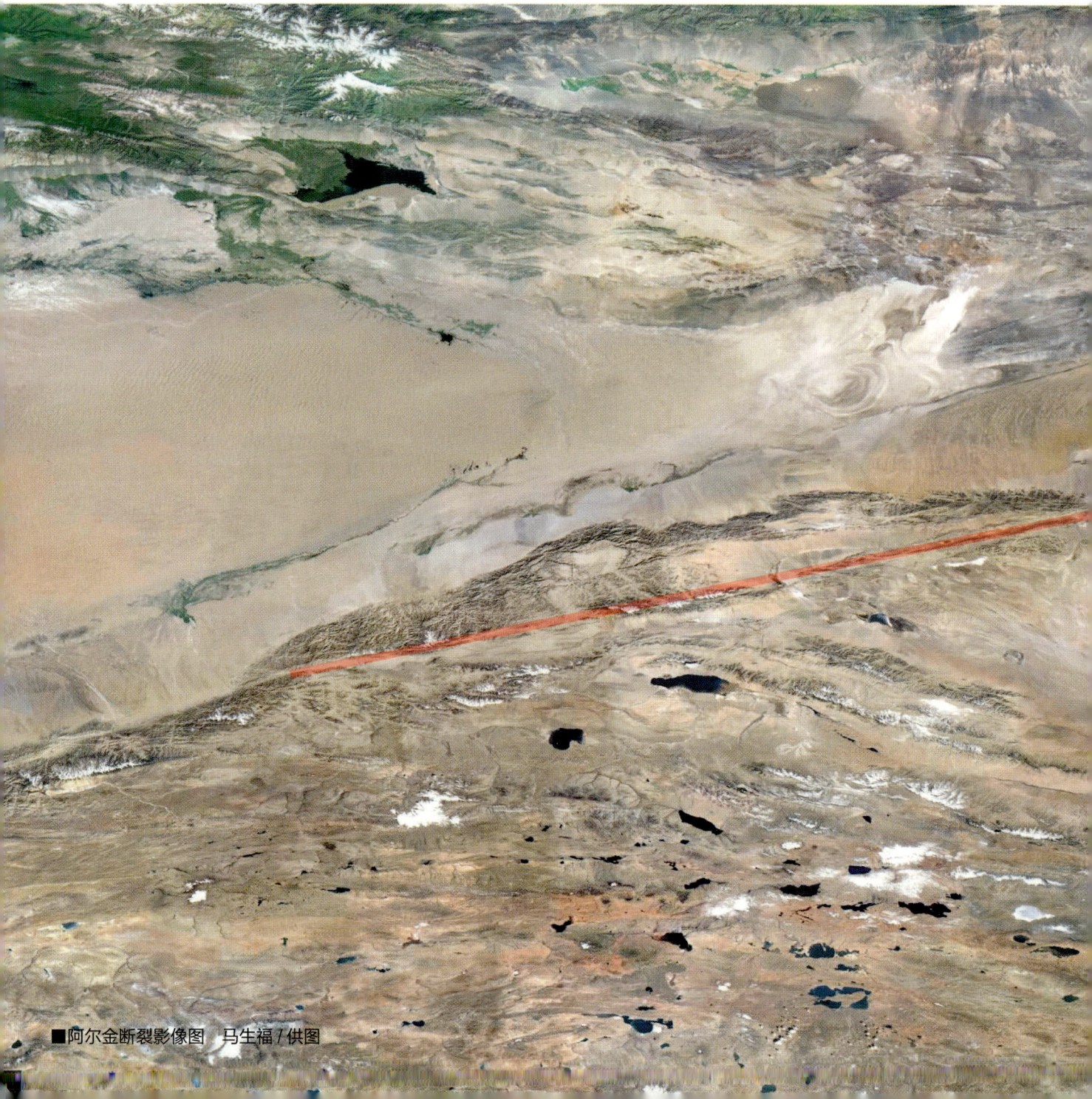

■阿尔金断裂影像图　马生福/供图

阿尔金山脉，不为人所熟悉。它横亘于柴达木盆地和塔里木盆地之间，位于青海、新疆两省（区）的边界地区。山系绵延于青海省西北部，东北端在当金山口与祁连山系相接，西端与昆仑山系北部祁漫塔格山相交，全长500千米，其中在青海境内长约370千米，宽15~20千米。宏观上看，阿尔金山脉联系着祁连山系与昆仑山系，也是塔里木盆地和柴达木盆地的界山，平均高度3000~4000米，西段较高，最高峰6161米。

高原北界

在阿尔金山脉深处，存在着一条巨大的断裂带，是一条至今仍在活动的左行走滑断裂带，这条断裂带的存在影响着青藏高原北部的地形地貌发育和地震活动，对阿尔金山—祁连山铜铅锌多金属成矿带及塔里木、柴达木、河西走廊系列含煤、油气盆地的富集成矿产生了深远影响。它东西长约 1600 千米，构成青藏高原东北部边界，制约着青藏高原北部的生长和隆升。因此，阿尔金断裂带和阿尔金地区也成为很多地质学家研究的热点。

正是阿尔金山特殊的地质构造——经过多次强大构造运动，逐步形成独特的地质构造形态，才形成较为丰富的矿产资源。阿尔金山甚至被哈萨克族人民称为"金银山"，这是因为这里黄金储量相当丰富，且品位很高，当地人有谚语称："阿尔金山七十二条沟，沟沟有黄金。"

不同于青藏高原的大多数山脉，阿尔金山脉的主体构造呈北西西走向，但在地图上其山脉走向却呈北东东方向，这两者的不一致性在国内十分罕见。而其地貌表现结果就是山脊多处形成不连续山口，如茫崖、索尔库里、柴达木大门口、当金山口，这些山口都成为重要的交通要道，青海省通往新疆、甘肃的公路通过这些山口。

■阿尔金山脉

山野？荒野？

　　阿尔金山北对库木塔格沙漠，南靠柴达木盆地，位于西北荒漠，属青藏高原寒带气候区域。由于地处内陆，被高山深壑所阻隔，而周缘地域的自然条件又非常严酷，多年以来，阿尔金山一直是人迹罕至之地。强烈的蒸发作用让这里的岩体裸露，山坡多为岩屑坡，形成了典型的高山荒漠自然景观。每年9月中旬至次年5月底为积雪期，不宜进山。

　　在19世纪末，俄国探险家普尔热瓦尔斯基和瑞典探险家斯文·赫定历尽艰险，先后来到阿尔金山的部分地域和边缘地带。他们在游记中描述了这里的荒凉恐怖，称这里为"亚洲干旱中心""不毛之地""死亡的土地"。

■阿尔金野生动物——藏羚羊　李善元／摄

　　而在这片"不毛之地"，有着世界上海拔最高的沙漠，也有着高山融雪形成的河流和一个个大小不一的内陆湖。这些河流和湖泊，在阳光下，像高原的眼睛闪闪发光。在这荒凉的高原上，大自然形成了水草丰茂的草甸，成为野生动物们的家园，也让阿尔金山与可可西里、罗布泊、羌塘并称为中国四大无人区，被 IUCN（世界自然保护联盟）与 WWF（世界野生生物基金会）称为是"世界上少有的生物地理省之一"与"不可多得的高原物种基因库"。

■阿尔金野生动物——藏野驴　李善元 / 摄

阿尔金山国家级自然保护区位于中国新疆巴音郭楞蒙古自治州东南边界与青海、西藏交界地区，地处东昆仑山脉与阿尔金山脉之间的库木库里高原盆地，是世界上内陆面积最大的、以保护高原荒漠生态系统为主的保护区。这里生活着100多种的野生脊椎动物，其中藏羚、野牦牛、藏野驴三大高原珍稀有蹄类野生动物数量超12万头，被誉为最容易见到野生动物的保护区。

■阿尔金野生动物——棕熊　李善元 / 摄

最后的屏障

　　阿尔金山地理区位独特，看似残破的地貌却具有极其重要的生态价值，它是阻止西部荒漠化向东蔓延的天然屏障。我们可以试想一下，如果没有阿尔金山的存在，会是怎样一番景象。塔克拉玛干沙漠的沙尘被西风卷起，肆无忌惮地一路向东蔓延！而"聚宝盆"柴达木盆地会被更多的大片沙漠覆盖！柴达木盆地的绿洲、盐湖、水上雅丹……这一切可能都不复存在，甚至连"高原明珠"青海湖都会受影响！

　　近年来，阿尔金山地区的沙漠化问题日益突出，不得不让我们为这片秘境担心，日益变化的环境让这里丰富的野生动植物资源面临挑战，如果发生系统性变化，野生动物们又将去哪里寻找它们的天堂与乐园？

第6节
名山名峰看青海

■阿尼玛卿山　付洛/摄

阿尼玛卿山

高大巍峨的山体、幽深陡峻的峡谷、清澈湍急的水流、生机勃发的草原牧场，共同勾勒出绝美的自然生境，这里是阿尼玛卿山地区。阿尼玛卿山是昆仑山系东段支脉，坐落于青海东南部果洛州玛沁县境内，山体从青海延伸至甘肃南部边境，呈西北—东南走向，长约 120 千米，宽约 40 千米，主峰玛卿岗日海拔 6282 米。

阿尼玛卿山冰川资源丰富，著名的有唯格勒当雄冰川和哈龙冰川，冰川遗迹保存完好，巨大的冰川将山顶群峰包裹，一片银装素裹。黄河沿着山脉南侧流向西南，进入四川境内的若尔盖草原，然后掉头往西北方向流去，将山体三面包围。在冰川融水和黄河水的滋养下，这里的山谷密布苍松翠柏，山下原野溪流纵横、水草丰美。独特的高寒气候使这里的一年之景截然不同，或碧波荡漾、天高气爽，或苍茫寂寥、天寒地冻。

阿尼玛卿山是黄河源头最大的雪山和重要的水源涵养区，生态环境独特而脆弱，自然万物在这里和谐共生，跨日月而永恒延续，生生不息。

日月山

　　日月山属于祁连山系支脉，长约 90 千米，巍巍矗立于高原东北部，日月山下倒淌河蜿蜒曲折，缓缓流入青海湖。环境条件与地理位置的特殊性使日月山的影响不可小视。

　　日月山，一条生态地理分界线。它位于我国季风区与非季风区的分界线上，处于黄土高原与青藏高原的叠合区，是青海省内外流域的天然分界线，划分了农耕文明与游牧文明。日月山以西为非季风区，降水稀少，多为内流区域；以东为季风区且为外流区域，降水丰富，降水集中于夏季；气候、降水条件决定了两地不同的生产方式，造就了西部苍茫草原与东部阡陌良田的景观差异。

　　日月山，一座历史文化名山。日月山顶部由第三纪紫色砂岩组成，山体呈现红色，故古时被称为"赤岭"。它历来是内地赴西藏的咽喉，有"西海屏风""草原门户"之称，山口立有唐蕃分界石碑。历史上的"羌中道""丝绸南路""唐蕃古道""茶马古道"和现今被誉为西藏"生命线"的青藏公路都经过日月山。它见证了会盟、和亲、战争以及"茶盐""茶马"互市等众多历史事件。

■日月山　曹生渊／摄

著名山峰

布喀达坂峰

布喀达坂峰，海拔 6851 米，位于昆仑山中段阿尔格山与博卡雷克塔山交接处，是昆仑山脉中段的最高峰，也是青海省省内最高峰。因为处于新疆与青海的交界处，故又称新青峰，维吾尔族语意为"野牛岭"。布喀达坂峰高耸于群峰之上，山势险峻，冰川雪原绵延，气势磅礴，附近地形宽缓，分布有众多湖泊。

玉虚峰

玉虚峰位于昆仑山中段、昆仑山口西侧，海拔 5925 米。玉虚峰以群山为座，矗立云表，在昆仑山的千山万壑中卓尔不群、傲然屹立，因玉虚仙女而得名。玉虚峰是青海昆仑玉的产地，也是登山爱好者的一大去处。

玉珠峰

玉珠峰，位于昆仑山口以东，是昆仑山东段最高峰，海拔 5728 米，南缓北陡，山峰顶部常年被冰雪覆盖，冰雪坡较平缓，无岩石表露。独特的自然景观和适宜的高度，使它成为登山爱好者的摇篮、探险旅游者的天堂。

团结峰

团结峰海拔 5827 米，是祁连山脉最高峰、疏勒南山主峰、甘青两省边界上的最高峰，位于疏勒南山东南段、哈拉湖北侧，为疏勒河上游谷地与哈拉湖盆地两内流水系分水岭的最高点。藏语意为"八峰雪山"，是由数个相对高差不大的山峰聚集在一起组成的块状山体，故得名"团结峰"。

■布喀达坂峰 蔡征/摄

■玉虚峰 晁生林/摄

■玉珠峰 青海省自然资源博物馆/供图

■团结峰 祁连山国家公园管理局/供图

各拉丹冬雪峰

各拉丹冬雪山是唐古拉山的主峰，藏语意为"高高尖尖的峰"，海拔6621米。其南侧的姜古迪如冰川和尕恰迪如冰川是长江源之一沱沱河的源头。这里雪峰密集，冰川地貌发育，堪称"冰晶园林"的艺术佳境。

牛心山

牛心山位于祁连县，海拔4667米，藏语称为阿咪东索，意为众山之神，镇山之山。其作为祁连的象征，巍峨高耸，一山尽揽四季之景。牛心山山底麦浪翻滚、油菜花香，是一幅高原河谷的农家景象；中部广阔区域灌木丛生，一派林海风光；山顶多石，常年积雪不化。

■牛心山　祁连山国家公园管理局/供图

■各拉丹冬雪峰　青海省自然资源博物馆／供图

年宝玉则

年宝玉则峰海拔 5369 米，发育有典型的现代冰川，完整地保留着高原腹地冰河时期以来地质作用遗留的地质遗迹和地貌景观，地貌形态多变，地质造型精巧，山谷间溪流发育，峰顶洁白而云雾缭绕，冰川、湖泊、河流、瀑布众多，是一座冰川园林。

■年宝玉则群峰　曹生渊 / 摄

第三章

以水为脉的

河源青海

■河源倩影　蔡征／摄

第**1**节
大河之"源"

黄河，中华文明最主要的发源地，被国人称之为"母亲河"；

长江，世界第三大河，以中国最丰富的水量养育着近三分之一的人口；

澜沧江，东南亚第一长河，养育着东南亚亿万人口；

黑河、石羊河、疏勒河，河西走廊的绿洲因它们而生；

翻开地图，我们发现这些伟大的河流有一个共同的特点，那就是均发源于青海。

青海的冰川雪峰、湖泊沼泽、河流湿地，共同造就了这座"中华水塔"，这里也成为名副其实的大河之"源"。

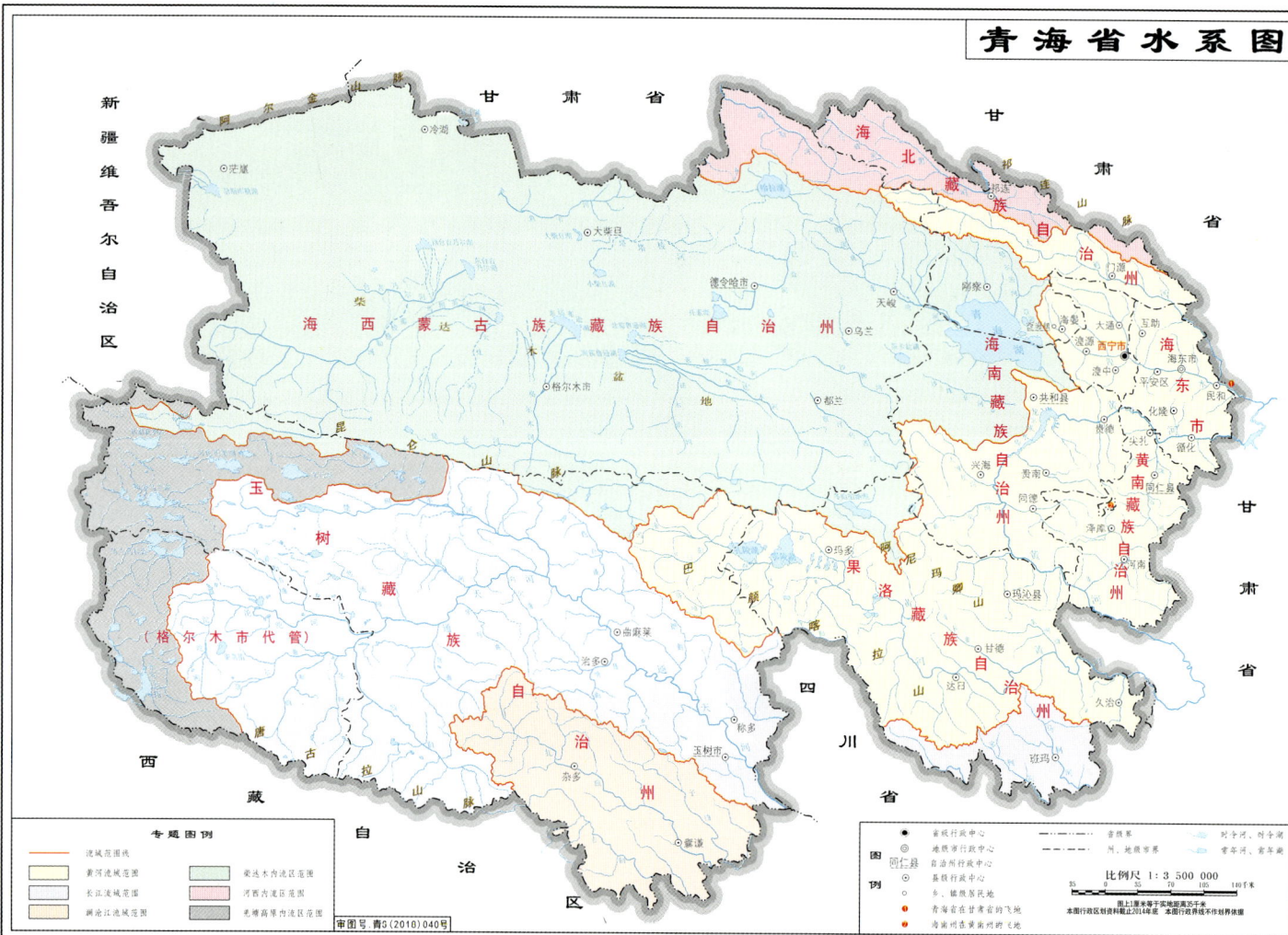

青海省水系图

审图号：青S（2018）040号

比例尺 1：3 500 000

图上1厘米每千实地距离35千米
本图行政区划资料截止2014年度　本图行政界线不作划界依据

表 3-1 发源于青海，流向省外的主要河流一览表

序号	河流名称（不区分级别）	发源地	备注
1	长江	北源楚玛尔河；南源当曲；正源沱沱河	
2	大渡河	巴颜喀拉山山脉东段南坡	长江支流
3	雅砻江	巴颜喀拉山南麓	长江支流
4	黄河	北源扎曲；正源卡日曲；正源约古宗列曲	
5	湟水	海北州海晏县肯特达坂山	黄河支流
6	大通河	海西州天峻县托来南山岗格尔肖合力冰峰东麓	黄河支流
7	大夏河	黄南州同仁市南缘的达布热	黄河支流
8	洮河	黄南州河南县中南部西倾山	黄河支流
9	澜沧江	玉树州杂多县北部的拉宁查日山	
10	吉曲	唐古拉山瓦尔公冰川	澜沧江支流
11	黑河	青海省东北部祁连山支脉走廊南山雅腰掌	
12	疏勒河	海西州天峻县疏勒南山的岗格尔肖合力冰峰以东冰川北坡	

河流是地球的血脉、生命的源泉、文明的摇篮。而在这片大河的源头，有着 3518 条流域面积 50 平方千米以上的河流，其中流域面积 500 平方千米以上的有 380 条，流域面积 1000 平方千米以上的有 200 条；河流长度 100 千米以上的有 128 条，多年平均径流量 1 亿立方米以上的有 122 条。

按流域划分，青海省分属长江流域、黄河流域、澜沧江流域和内陆河流域。其中南部和东部为外流水系，是长江、黄河、澜沧江三大江河的源头，降水相对较多，水系发育，河网密集，大小湖泊星罗棋布，流域总面积 36.5 万平方千米，约占全省面积的 50.5%，素有"中华水塔"和"江河源"之美誉。内陆河流域位于省境西北部、北部，气候干旱少雨，河流小而分散，流程短，流域总面积 35.8 万平方千米，这些河流往往与人类活动密切相关。

第**2**节
黄河之水青海来

黄河，中国第二大河、世界著名大河之一。

黄河，华夏文明的摇篮，中华民族的象征！

曾经，我们只能在诗中遥想其水从何处而来，"黄河远上白云间""黄河之水天上来"。但现在，我们已经明确知道黄河之水来自青海，它自巴颜喀拉山北麓的汩汩清泉伊始，汇聚青海、四川、甘肃、宁夏、内蒙古、陕西、山西、河南、山东等9个省区的万千支流，最终在山东东营归于渤海，在她5464千米的长度上书写着中华文化的序章。

青海省境内黄河流域水系图

大河初成

6500万年前，印度板块和西太平洋板块向亚洲大陆俯冲，青藏高原的出现、东部陆架海的发育导致东亚的地貌发生显著改变，彻底打破了中生代东高西低的地貌形态，为黄河等大河自西向东入海奠定了构造基础。

现今研究结果表明，125万年以前，黄河并不连通，中国的北方大地上存在着汾渭盆地、河套盆地、银川盆地、临夏盆地、贵德盆地、循化盆地、共和盆地、同德盆地、若尔盖盆地等若干个古湖盆。伴随着构造、气候的演变。终于，黄河中游在125万年前贯通三门峡，现代黄河水系形成。而后，伴随着青藏高原的隆升，中国三级阶梯的地势格局不断形成，黄河向上游溯源侵蚀，不断切穿和串联起循化、贵德、共和、同德、若尔盖等古湖盆，直至1万多年前，黄河切开多石峡，连接起扎陵湖—鄂陵湖水系。至此，大河初成。

而后万年间的故事，大多数人已经知晓。它不仅在中游创造了河套平原，更在源头孕育了大片丰美的牧场，它冲出的河谷地带也成为我们人类的生息繁衍之地，它在入海口处填海造田的伟力更令天下所有的江河赞叹，最终成了中华文明的哺育者。

魅力河源

巴颜喀拉山北麓、阿尼玛卿山以西的广阔大地，构成了黄河源头地区。在曾经的冰川及后期流水作用的双重作用下，高山和宽谷成为河源的特征。

来自孟加拉湾的水汽被运移到巴颜喀拉山以北、布青山以南、雅拉达泽山以东时，势头虽弱，但已足够为这片河源地区留下降水，这些降水成为黄河源区水资源的重要来源。

我们发现，因为整体地势的原因，黄河的源头并不唯一。在北边，发源自巴颜喀拉山脉支脉查哈西拉山南麓的河流扎曲随季节变动向南流去，在星宿海附近汇入干流。在南边，同样发源于巴颜喀拉山支脉的卡日曲携带着红铜色的泥沙（卡日曲藏语意为"红铜色的河"）在高原山间斤陵盆地地带穿行，汇集许多分支河流后在勒那鄂山东北汇入黄河。而在西面，雅拉达泽山以东的约古宗列盆地，水流自四周山地不断汇聚，成为黄河正源约古宗列曲。

而后的黄河不断串联起河源灿若群星的湖泊，接纳两岸的支流，汇进河源最大的两个湖泊——扎陵湖和鄂陵湖。两湖生态区位重要，是三江源国家公园核心区部分，均于2005年被列入《国际重要湿地名录》。湖区沼泽和环湖半岛是鸥类、雁鸭类和黑颈鹤等鸟类的重要栖息地；湖泊水体中有花斑裸鲤、极边扁咽齿鱼、骨唇黄河鱼等鱼类，其中相当一部分种类为青藏高原特有或中亚特产，具有重要的科研价值。两湖周边的高寒沼泽化草甸湿地，加上其他高寒草甸，构成了黄河源头主要的保水屏障和蓄水库。而河源地区灿若群星的湖泊、水草丰茂的湿地、辽阔起伏的高寒草甸草原，共同造就了中华母亲河的源头、一座中华水塔。

■湖泊星罗棋布、沼泽密布、小溪潺潺的黄河源区 青海省自然资源博物馆／供图

黄河自鄂陵湖流出后，已有大河之势，而后在北侧阿尼玛卿、南侧巴颜喀拉山的挟持下向东南流去。沿途目光所及之处除了黄河和天空，几乎都是草原。沿途不断接收两侧山脉冰川融水形成的河水补给，水势渐大。不久后在久治县门堂乡下游约 15 千米处成为甘青界河。当黄河在久治县流出青海省不远，在甘肃境内绕阿尼玛卿山来了一个近 180 度的转折，而后沿阿尼玛卿山北麓的断裂带流向西北。

别样峡川

黄河第二次进入青海后，便开始了她的高山峡谷之路。黄河在青海境内长达 1500 余千米，其中从阿尼玛卿山到积石山的千余千米全都奔流在绵延不绝的高山峡谷之中。这一条条壮丽奇伟的高山峡谷和宽阔宏大的川塬，构成了青海中东部一道道奇绝亮丽的自然景观。

从河南县南部卢丝奴卡黄河峡谷至龙羊峡坝址河段多为高山峡谷，多为"V"形河谷，两岸高陡且阶地发育，很多地区落差有数百米。此段黄河在流水、风力的强烈侵蚀下，两侧峰丛林立，有些地区发育有宽广台地；而河谷地带气候温和，黄河、峰林、绿洲、农庄等巧妙组合构成河源地区一幅幅极致的画卷。

自龙羊峡开始，由于山势、地貌等影响，这里的黄河地貌呈一束一放、宽窄相间、峡谷与盆地相间的串珠式形态，龙羊峡以下依次为龙羊峡—贵德盆地—李家峡—尖扎盆地—公伯峡—循化盆地—积石峡—官亭盆地—寺沟峡。这里的黄河水流湍急，水流量大且稳定，谷坡陡峭，水力资源十分丰富。成为我国水电资源的"富矿区"和水电能源重点开发区。

自 20 世纪 80 年代起，青海境内的黄河水利水电建设伴随着我国西部大开发的战略部署驶入一条快速发展的建设轨道。兴建了龙羊峡、拉西瓦、李家峡、公伯峡、积石峡等一座座高低不等的大坝，形成一座座大小不等的水库，像珍珠项链般镶嵌在青海高原的高山大川之间。古老的黄河在这里的川峡之间焕发出一种让人惊艳的清澈和亮丽。

此后的黄河在寺沟峡入口下游约 5 千米处进入甘肃省境内。至此，黄河便逐步脱离了青藏高原的控制，等待她的将是黄土高原泥沙的洗礼和大海宽广的怀抱，而中华文明也正是在这百川东到海的"循环"中源远流长。

■右页图　黄河流域青海段峡谷

■青海河南宁木特　蔡征／摄

■龙羊峡　蔡征／摄

■尖扎黄河谷地　赵子基／摄

■李家峡　曹生渊 / 摄

河育文明

黄河，作为中国的母亲河孕育了中华民族数千年的文明，成为中国不可替代的重要象征。黄河的水资源对于流域内的人民有着深远的影响。青海省境内黄河长度约为黄河总长的近三分之一，即使境内地势高峻、气候恶劣，但也凭借黄河的滋润和独特区位，孕育了璀璨的黄河文化。

我们以更宏观的视角发现黄河其实发源于昆仑山系（注：巴颜喀拉山脉、阿尼玛卿山脉均属于昆仑山系），这也让万山之祖与中华母亲河又产生了千丝万缕的联系。与之对应，中华大地上广泛流传的昆仑神话，如盘古开天地、女娲补天、伏羲画卦等神话传说，无不是中华民族早期历史的反映，而母亲河在其中的作用亦不用多言。而历史上，周穆王、秦始皇、汉武帝、唐太宗等政治家先后组织过对昆仑的追寻，由此可见，昆仑是黄河的一部分，昆仑文化与黄河本就密不可分。

而在河源地区，生活在广袤草原上的藏族同胞，在漫长的岁月中形成了自己独具特色的文化体系，玛域文化就是其中的代表。玛域文化是藏族文化的重要组成部分。对于整体黄河流域而言，玛域文化独具特色，丰富了黄河文化的内容。

在青海东部，地处黄土高原、青藏高原交会地带的黄河上游及其支流湟水河及大通河三河流域的广阔区域，羌、鲜卑、吐蕃等民族在这里共同繁衍生息，汉文化与西部各民族文化交融汇聚，民族风俗习惯、民间工艺、建筑艺术、戏曲文艺、绘画雕塑、传统节庆、服饰饮食在此地共存、交流、融汇，造就了多种文化共存、互相采借、求同存异的河湟文化。河湟文化同关中文化、河洛文化，齐鲁文化一起，被称为是黄河文化的四大支柱。出现在黄河上游的河湟文化是黄河文化的重要构成，也是黄河上游文化的典型代表。河湟文化在黄河文化体系中独树一帜，既与悠久的儒家文化藕断丝连，又表现出最为丰富的多元文化形式，体现出独特的文化魅力。

大量考古学证据表明，青海东部河湟地区新石器时代就出现了马家窑文化、宗日文化、齐家文化、辛店文化、卡约文化等较为发达的原始文明，这些原始文明自产生起就与黄河及其支流密不可分。研究表明，有近一半的马家窑、齐家遗址分布在距河流 5 千米区内。河湟文化中遗址留存最上游者甚至达到了青海省海南藏族自治州同德县巴沟乡团结村宗日遗址。可见，河湟文化已然成为黄河源头流淌的民族记忆。

未来，伴随着黄河流域生态保护和高质量发展战略的逐步实施。青海省保护黄河源的责任愈发重要，而如何保护母亲河、如何守好中华水塔，成了摆在我们每个青海人面前的共同问题。

■互助土族　青海省自然资源博物馆／供图

■撒拉族　青海省自然资源博物馆／供图

旅活动开幕式

第3节
万里长江第一步

长江，中国第一大河，世界第三大河。

她自各拉丹冬雪峰冰川的涓涓细流而始，出千峡、纳万川、横贯中华南方大地，以6300多千米的浩荡水流接受青藏高原的融水降水，经过横断山脉的跌宕洗礼，在江汉平原幻化出壮美的三峡，更是在下游造就了鱼米之乡，还有那烟雨迷离、白墙灰瓦的诗意江南。

长江在青海、西藏、四川、云南、重庆、湖北、湖南、江西、安徽、江苏、上海11个省区，180余万平方千米的土地上演绎着"大江东去"的文明史诗。

青海省境内长江流域水系图

长江在流经各段拥有着不同的名称。长江古称"大江",始于汉止于宋。长江这一名称,出现在六朝以后,唐代已普遍开始使用。长江源头至青海唐古拉山区一段叫"沱沱河"。当曲口至青海省玉树州巴塘河口,因河床海拔高,故称通天河。巴塘河口至四川省宜宾市岷江口,因河沙粒中含有沙金,故名金沙江。而后,宜宾至湖北省宜昌市,因大部分蜿蜒四川盆地之内,俗称川江,而宜宾至重庆段称为上川江,重庆至宜昌段称为下川江。因千里川江东出三峡,故又名峡江。长江水出三峡后,在湖北宜昌至江西一段,因流经古荆州地区,故称荆江。城陵矶至武汉,为古时楚国疆域,故名楚江。江西九江市的一段称浔阳江,因隋唐时设置浔阳县而得名。长江与鄱阳湖汇流后继续往东,其中江西至南京段因古为吴国属地,称为西江。流经江苏仪征、扬州一带河段别称扬子江。如今,扬子江常作为长江的国际通用名,又泛指南京以下的长江下游。

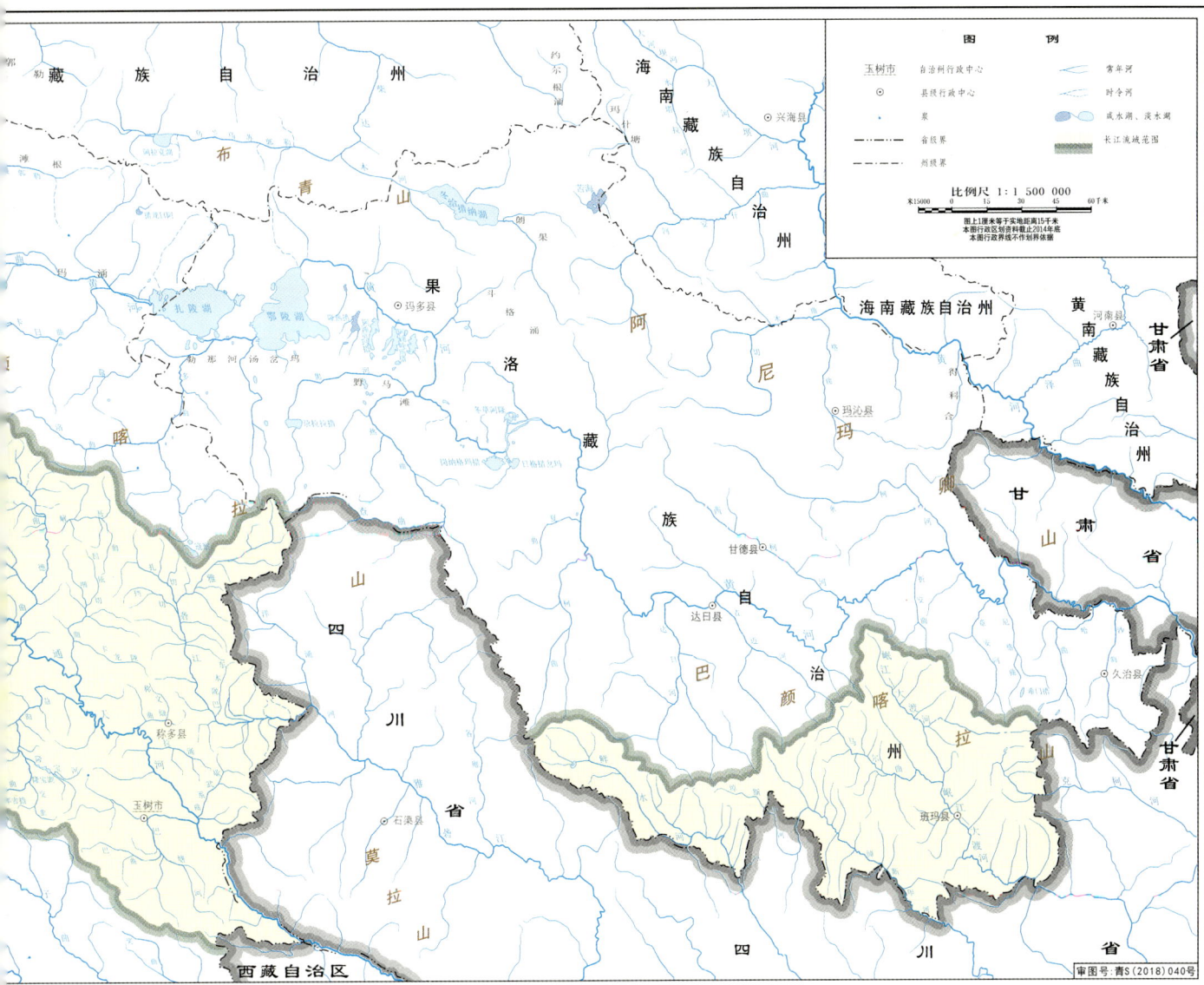

以长江看江河定源

对大江大河"源"的追溯一直是人类不断追求探索的重大活动。近代长江源区的科学考察起于清朝，新中国成立后，不同部门不同领域针对长江源均进行了细致的科学考察。通过考察，长江水利委员会——中华人民共和国水利部在长江流域和澜沧江以西（含澜沧江）区域内行使水行政主管职能的派出机构——正式确定长江有三源，沱沱河为正源，当曲为南源，楚玛尔河为北源。当曲发源于唐古拉山的沼泽湿地，上千个泉眼和水潭之间被弯弯曲曲的小溪连接；沱沱河发源于各拉丹冬雪山的姜古迪如冰川；楚玛尔河发源于可可西里腹地。

说起源头，不得不提的便是沱沱河和当曲的河源之争。实际上，关于江河源头的确定，全世界也尚未有统一标准，但有很多习惯共识。一般来说，主要有以下几点：河流长度，所谓河源唯远论；流量，以河流水量最大者为河源；长度和流量；流量和面积；干支流排列；流向方位论，河道顺直，地理位置居中的为河源。河流的地质构造和河谷形态。河流发育期河谷形态论；历史传统论；以及各种因素综合考虑。

■下图 长江三源示意图（图片源自青海省地理信息测绘局）

楚玛尔河源头

沱沱河源头

A
源　头：姜古迪如冰川
北　纬：33°28′
东　经：91°08′
发布者：长江水利委员会

C
源　头：若霞能
北　纬：32°45′15″
东　经：94°36′05″
发布者：黄效文

当曲源头

E
源　头：多朝能
北　纬：32°36′14″
东　经：94°30′44″
发布者：黄效文

B
源　头：多朝能
北　纬：32°36′13″
东　经：94°30′43″
发布者：长江水利委员会

D
源　头：且曲
北　纬：32°43′54″
东　经：94°35′54″
发布者：刘少创

回到长江源头确认，当曲与沱沱河在囊极巴陇处汇合，以囊极巴陇为起算点，科考发现当曲长度 360.34 千米，流域面积 3.22 万平方千米，当曲主汊口流量 204 立方米每秒；而沱沱河长度 348.64 千米，流域面积 1.7 万平方千米，河口流量 46.73 立方米每秒。说到这里，我们发现当曲无论是长度、流量、流域面积都超过沱沱河，所以很多人主张将当曲定为长江源头，但专家们经过综合考量，仍然将沱沱河定为正源。理由是：沱沱河发源于唐古拉山主峰各拉丹冬，在三源中地理位置最高，离长汀口直线距离最远；沱沱河中下游走向与通天河及长江干流走向基本一致，居南北两源之间；沱沱河长度与当曲长度仅相差 10 千米左右，在测量误差范围内。针对长江源，科考专家认为：源头的位置根据源头类型的不同而有不同的确定的原则。对于地下水补给型的源头，出水处就是源头的位置；对于湖水补给型的源头，湖口就是源头的位置；对于冰川补给型的源头，冰川末端就是源头的位置。

但争论到最后，我们发现对于长江源，讨论谁是正源并不是亟待解决的矛盾。而将长江三源及整个长江源区，乃至于三江源（长江、黄河、澜沧江）区域视作一个整体，做出系统性保护，才是我们应该重视的问题。

缤纷编织的长江源

青海长江流域水系发育、河网密布，在 16.8 万平方千米的大地上蜿蜒流淌着 877 条各级支流。其中既有河源区形态复杂、多汊并行的辫状河道，也有中游蜿蜒于群山之间的通天河蛇曲河段，可以说，长江在江源大地上以河流的力量，编织起一张缤纷的"路网"。

■下图　长江源区水系

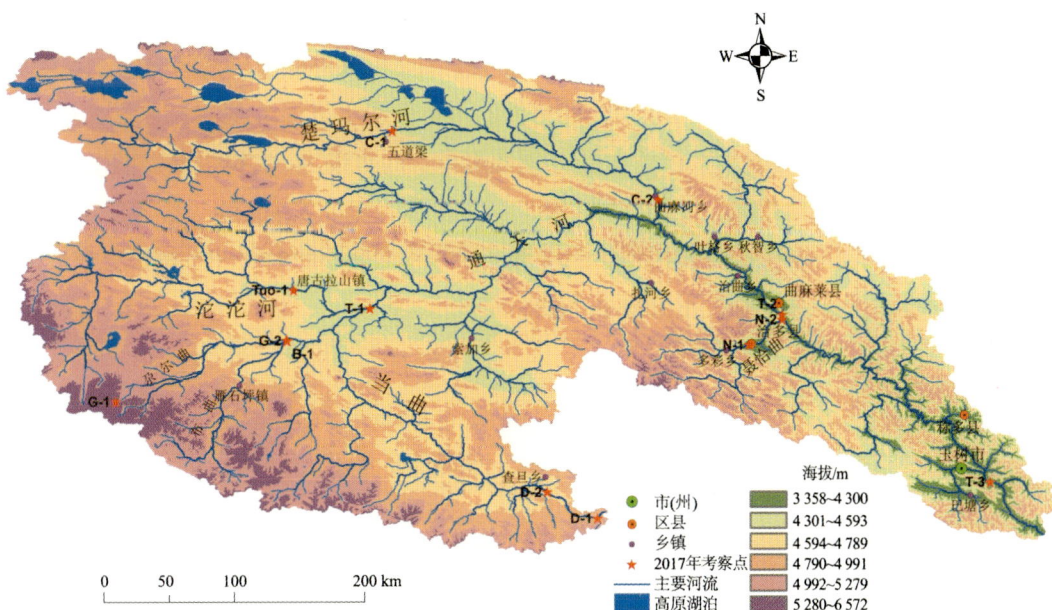

■右页图　长江源区水系

　　尤其在西侧为羌塘内陆湖区、西北部为昆仑山脉、南部为唐古拉山、东北侧为巴颜喀拉山的长江源区，发育着高原冲积河型、丘陵坦谷河型和高山峡谷型三种河流地貌。其中高山峡谷型受两侧山体控制，河道紧缩收束。而另外的两类表现出宽阔游荡、水道在沙洲间摇摆迂回、相互交织的状态，称之为"辫状水系"，很是形象。而其成因，大概可以归纳如下：首先，河床易冲刷，两岸无明显约束，使河床可以横向变宽变浅，形成大量边滩、心滩使水流分散；其次，输沙程度大，河水中的悬沙和河床沉沙的交换导致河床不断处于冲淤调整之中；最后，主流经常改道，河床经常变动，形成辫状水系。

■青海省自然资源博物馆／供图

■蔡征／摄

水是生命之源，有了水便有了灵气。在这片"路网"上，分布着藏原羚、白唇鹿、西藏野驴、岩羊、野牦牛、阿尔泰盘羊和藏羚等食草动物在内的8目19科54种兽类。更是有棕熊、雪豹、狼等大型食肉动物，这些生灵为这片缤纷的土地再添色泽。

■长江源区水系　蔡征／摄

大江何时东去

作为一条连接地球上最大的大陆和最大的海洋的超级大河，长江自空间和时间上诞生伊始，便在社会经济发展和生态环境建设中具有了举足轻重的战略位置。那如此的超级大河是怎么形成的？

令人惊奇的是，长江在完全诞生之前，位于青藏高原东南缘的上游水系（古金沙江水系），与长江下游水系没有连通，上游水系没有转向东流，而是可能向南流入印度洋；而在中下游，江汉盆地和苏北盆地等各自发育了规模较小的局部河系，盆地之间没有连通或者有限连通。如果这样的情况延续至今，那我们可以想象长江中下游可能无法成为如此肥沃的鱼米之乡。

历史没有假如，构造运动成为改变这些最重要的因素。板块构造运动引起的青藏高原隆升不仅奠定亚洲宏观地形地貌格局，也控制着长江在内大河的发育、走向、大小以及生命周期。

研究表明，从始新世末期到渐新世期间，随着青藏高原东南缘（云南高原）的隆升与整体抬升，古金沙江水系不再南流，而是在沿着青藏高原和云南高原的边界带转向东流。而在中游，长江中下游盆地在新近纪被大河流系连通。

于是，我们知道了长江贯通东流水系在渐新世或渐新世、中新世之交形成，中国的宏观地理环境演化历史也因为长江的贯穿东流进入了新的篇章。

■正在消融的姜古迪如冰川　青海省自然资源博物馆/供图

长江源之忧

　　长江源地处青藏高原腹地，高海拔、寒冷气候让这里的生态环境敏感而脆弱。在我们越来越了解长江源现状的时候，也越来越了解其变化。气候变化是一个不争的事实，它对长江源地区的生态系统产生的影响不可忽视。调查研究发现，在全球气候变化和人类活动的综合影响下，长江源地区的环境出现了显著的变化，如冰川退缩、湿地退化、多年冻土的活动层加深等。

　　在沱沱河正源的各拉丹冬冰川，1992年到2015年23年间冰川总面积减少78.97平方千米。

　　湖泊面积也出现变化，在1987年到2020年的近34年来，长江源区湖泊面积扩张极为显著，平均每年增加扩张33.36平方千米，2020年较1987年总湖泊面积增长1131.36平方千米，增长率为39.6%。

　　很少有人知道长江源区有大面积的沙漠化土地分布，这些沙漠化土地的形成与气候变化息息相关。在1975年到2005年的30年间，长江源区沙漠化土地面积明显增加，长江源区不同程度的沙漠化土地总面积从1975年的31118.3平方千米增加到2005年的33923.25平方千米。

　　长江源的未来我们无法预测，但我们必须明白，长江源打个"喷嚏"，长江都要"感冒"。我们走进江源、研究江源，最终目的还是为了保护江源。而如何保护江源，如何为子孙后代留下一片纯净健康、充满生机的江源，确保一江清水向东流，这是我们应该思考的问题。

第4节
南流大江——澜沧江

澜沧江，更有名的是它出境后的名称——湄公河。它是中国西南部的一条超级大河，也是东南亚第一长河。

这是一条古老而又充满灵性的河流，从数千米的冰雪高原到零海拔的出海口，流经青海、西藏、云南三省，一路载动着古老的文化和传奇，经缅甸、老挝、泰国、柬埔寨、越南进入太平洋，以一江连六国的气概，哺育了中国和中南半岛20多个民族，孕育和浇灌了几千年东方文明。

澜沧江干流全长4688千米，流域面积约79.5万平方千米，在中国境内长度2194千米，在青海省境内干流长457千米，青海省澜沧江流域3.7万平方千米。

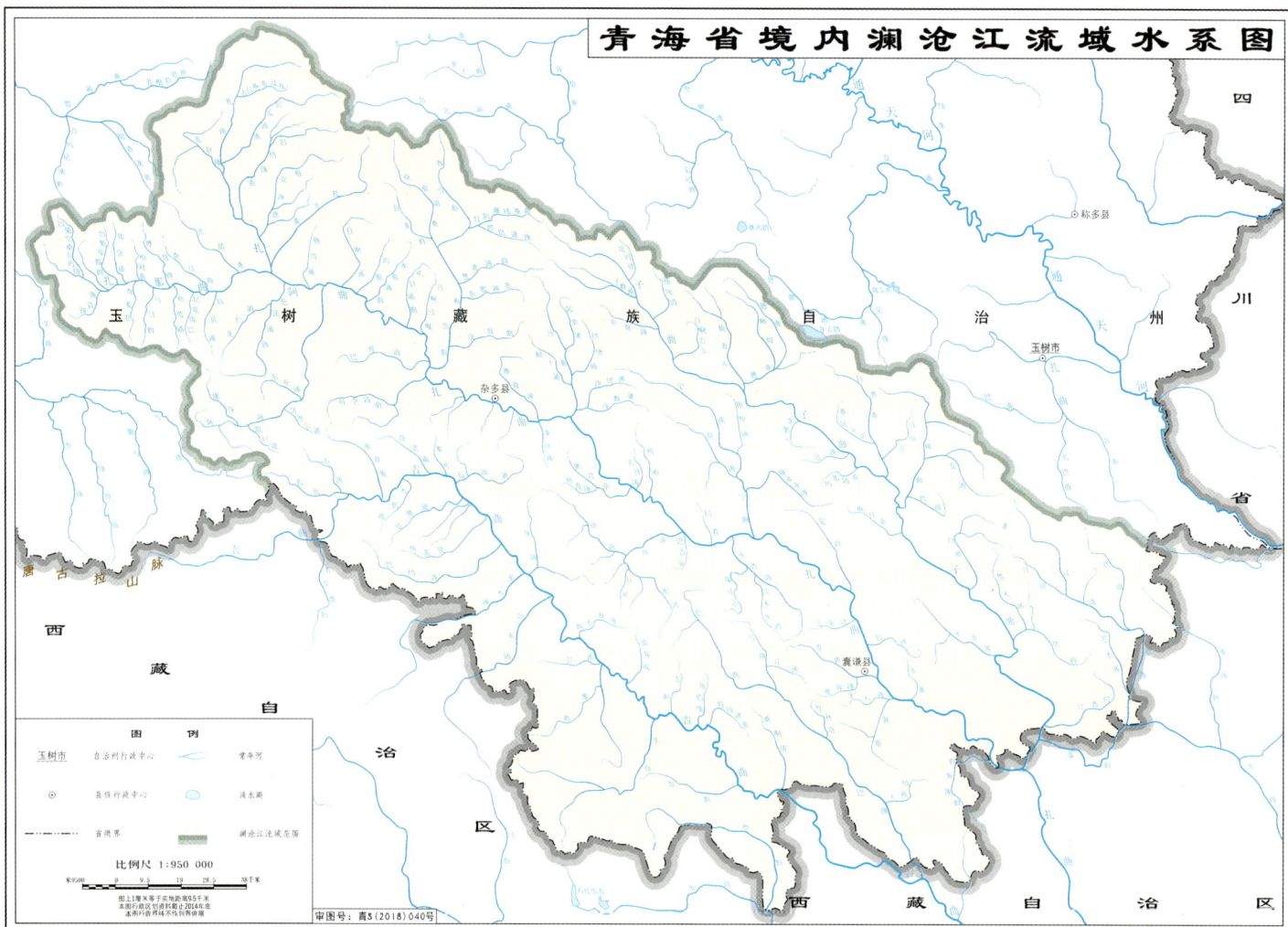

青海省境内澜沧江流域水系图

审图号：青S(2018)040号

南流大江的魅力

"大江东去""一江春水向东流"可能是中国人对江河流向的普遍认知。但我们知道，水不会只往东流，水往低处流才是自然界的法则。在青藏高原这个高大陆上，当水四散流出时，便在中国西南部形成澜沧江这条国内少有的南北流向的大江。

由于高原板块受到挤压，导致南北向较东西向短，再加上青藏高原本身距离南部大洋近，这让这条南北流向的大江不得不承受在 4688 千米的长度上需从海拔 5200 米辗转颠簸到海拔 200 米。如此长度和落差，不止让澜沧江南北纵穿近 25 个纬度，也让这条大江流经的地域囊括了世界上除戈壁和沙漠外所有的自然景观和气候带类型。更重要的是，它奔流过程中孕育出的生物多样性和文化多样性是东西流向的河流所无法比拟的。

在源头的青藏高原高山草原、平浅河谷地带，藏文化与高原特有生物共同发展，澜沧江为两岸的藏族同胞提供了生产、生活用水，孕育了高原腹地的一片片热土。

■杂多昂赛扎曲　青海省自然资源博物馆 / 供图

在中游，澜沧江奔过横断山脉深邃的纵向岭谷，不仅造就了"三江并流"的世界级奇观，也造就了重要的水汽通道和连接南北的藏彝文化通道。更宏观的视角上，澜沧江所在的纵向岭谷是连接青藏高原与中南半岛最大的通道，跨越了世界生物地理区划上著名的古北界与东洋界。

当湄公河平缓地流过东南亚洪泛平原和三角洲时，其重要性更是不言而喻，东南亚五国称之为"东方多瑙河""众水之母"。

■囊谦扎曲　马生福／摄

众水之母的起源地

　　澜沧江发源于青海省玉树州杂多县北部的吉富山，在青海省境内干流称为"扎曲"。源区河网密布，汇聚着近 200 条大小支流，青藏高原的冰川雪山为澜沧江上游提供丰沛的水量，这也让青海省境内澜沧江出境流量占到总流量的 17%。除了水系，在澜沧江源的旦荣滩、莫云滩以及扎青乡上游、阿多乡上游等地区分布着大面积的高寒天然沼泽和沼泽化草甸。这些沼泽湿地，有着极强的水源涵养和固碳功能。

　　不同于黄河源和长江源，澜沧江在青海省杂多县境内自上而下由裸岩冰川、高寒草甸草原、灌木丛、大果圆柏林、河流构成的垂直生态系统具有极为重要的水源涵养、径流汇集和保护生物多样性功能。

　　而位于澜沧江源的杂多县享有澜沧江源第一县的美称，"杂多"藏语意为扎曲河源头。这片宝地河流纵横、牧草丰美、牛羊肥壮、风景秀丽，因平均海拔在 4200 米以上，土壤中含有丰富的有机质，出产的冬虫夏草又以其个头大、成色好、质量优、产量高等特点享誉天下，以至于有了"中国虫草看青海，青海虫草看玉树，玉树虫草看杂多"的赞誉，杂多县也因此被誉为"冬虫夏草第一县"。

■澜沧江源湿地　青海省自然资源博物馆／供图

秘境生灵之约

　　穿过源头的高山草原、平浅河谷地带，澜沧江好像进入了新的世界，在这片干流经过的地方，景象万千，有高山、平川、险滩、深谷，也有原始森林、广袤草原，甚至是丹霞地貌。这其中，最为人称道的便是昂赛大峡谷，在这里发现的丹霞地质景观，地质学家称其为"青藏高原最完整的白垩纪丹霞地质景观"，因此，也有人将这一区域称为青藏高原的"红石公园"。在景观如此丰富、人类相对较少的地方，自然少不了珍稀野生动物。

■昂赛丹霞地貌　青海省自然资源博物馆／供图

雪豹 达杰 / 摄	白唇鹿 更求曲朋 / 摄	马麝 扎西达哇 / 摄	猞猁 更求曲朋 / 摄
高山 兀鹫 索南拉措 / 摄	川西 鼠兔 康卓 / 摄	白马鸡 更求曲朋 / 摄	

　　以昂赛为代表的澜沧江源区，分布着野生脊椎动物78种，包括40种兽类、22种鸟类、10种鱼类、6种两栖爬行类。青海省颁布的《青海野生动物名单》中，全省25种重点保护动物，这里除野骆驼外，其余24种野生动物均有分布，包括藏羚、野牦牛、雪豹、白唇鹿、盘羊、岩羊、马麝、藏野驴、棕熊、猞猁、兔狲等，鸟类有黑颈鹤、金雕、雪鸡、红嘴山鸦等珍稀动物。还有包括大果圆柏、高山柳等乔灌木和草本植物在内的丰富植物资源。

　　这里面最有代表性的则是昂赛乡有雪豹与金钱豹共同分布，昂赛大峡谷成为少有的双豹之地。在昂赛大峡谷地形较为缓和的两岸，植被复杂多样，柏树林、灌丛、高原草甸、裸岩交错分布。这里分布着成群的岩羊，为雪豹、金钱豹的生存提供了条件。根据不完全统计，有关研究单位在昂赛乡 2000 多平方千米的地界上共记录到近 80 只雪豹、12 只金钱豹。同时，在 2018 年多家机构联合发布的《中国雪豹调查与保护现状》报告中指出，位于三江源地区的杂多昂赛雪山等生物多样性热点区域，每百平方千米分布有近 3 只雪豹。昂赛也成了名副其实的"雪豹之乡"。

　　当然，不只是雪豹，昂赛大峡谷的高山针叶林、高寒草甸、高山裸岩、高山流石滩间，马麝、白马鸡、棕草鹛、岩羊等青藏高原的珍稀动物频繁出现。而这一切，正是在澜沧江塑造下的极致呈现。

高原腹地的热土

在河流过的地方，人们世代而居，那里是家园。而在澜沧江流过的青海高原腹地，朝着澜沧江奔流的方向，翻越重重河谷高山，曲径通幽之处，山水相映的岔口，秘境囊谦就在这里。囊谦位于青海省纬度最低处（最南端），地处青藏川交界地带，山水的交融、特殊的环境，使得囊谦县成为高原腹地的一片热土。这里，野生动植物种类繁多，河流湖泊分布广泛，名胜古迹星罗棋布。特别是纵横交错的澜沧江水系，勾勒出了一幅绚丽画卷，绘制出澜沧江壮美的网状水系景观。

囊谦县作为青海的"南大门"，素有"秘境囊谦"之美誉，独特的高原生态让这里成为秘境，盐文化、藏传佛教文化、格萨尔文化、传统古村落文化、民族歌舞文化等多元文化的交融让这里成为文化的热土。这片土地造就了以地文景观资源、水域景观资源、建筑文化与设施资源、非物质文化遗产资源为主要特色的各类 409 处文化和旅游资源单体。

由于囊谦县南接横断山脉，北临高原主体，是高山峡谷向高原主体的过渡地带，所以有着高寒草甸、高寒草原、高山灌丛、高寒沼泽、高山流石坡植被、高山垫状植被、亚高山暗针叶林等丰富的植被类型。这样的环境生存着 761 种维管植物，约占青海省维管植物种类的三分之一，分布的中国特有种、青藏高原特有种和青海省特有种种数分别为 290 个、186 个和 18 个。如此多的植物分布，使得囊谦县成为青海省生物多样性最丰富的县之一。

以上，就是澜沧江青海段，但她的故事到这里才刚刚开始……

■右页图　西藏杓兰　马生福 / 摄

第5节
走廊母亲——黑河

在中国广袤的土地上，无数江河恣意流淌，养育一方生灵，孕育一方文明，所到之处生机焕发，留存壮美芳名。而远在西北内陆的江河却是鲜为人知，或许人们也曾了解过中国最长内陆河——塔里木河，但对于中国第二大内陆河——黑河却是知之甚少。

黑河，作为西北地区的中国第二大内陆河，长883千米，以莺落峡和正义峡为界，依次流经了青海、甘肃、内蒙古三省（区），它发源于祁连山脉，穿越河西走廊，消没于阿拉善高原荒漠，一路向北串联起高山、盆地、峡谷、沙漠与湖泊。

审图号：青S（2018）040号

青海省黑河流域水系示意图

出于祁连，孕育祁连

黑河发源地祁连山地以高大的山峰截留了水汽和云团，叠加高海拔的寒冷气候，冰川、雪山在此发育，使祁连山成为巨大的固体水库。大陆型冰川相对稳定，对气候变化的敏感度低，保证了河流水量的稳定，在冰川、融雪、降水的滋养下，黑河经年流淌不息。

在八一冰川的补给下，黑河从走廊南山发源，河水在走廊南山与托勒山之间向东南缓缓流淌，柯柯里河、托勒河等众多支流依次涌入黑河，壮大了黑河的水量。而黑河上游地区最大的支流当属八宝河。

八宝河从与黑河相对的方向而来，在卓尔山和俄博南山之间由东南向西北穿行，流域内气候温凉湿润，矿产资源和野生动植物资源丰富，生态环境独特。干流北岸的卓尔山以奇特的丹霞地貌著称，南岸是一山尽览四季景色的牛心山，两山隔河相望，景色壮观。八宝河流经之地历史气韵犹存，上游地区的峨堡镇红土城自古就是西宁与张掖的交通要冲；元代遗存的峨堡古城和宋代三角城遗址现为省级文物保护单位；下游的八宝镇是祁连县政府驻地，是全县政治、经济、文化的中心。

祁连山区降水充沛，冰雪资源丰富，是河流水量的主要补给区及流域水资源形成区。

黑河干流在流程约 180 千米的黄藏寺附近与从八宝河相遇，两河交汇之后向北穿走廊南山进入甘肃省。

■黑河源湿地　青海省自然资源博物馆／供图

流经河西走廊，绿洲发育

奔涌而入甘肃，经莺落峡冲出河谷，黑河便进入了中游。此时的黑河一改汹涌之势，变得沉稳，她放缓了脚步，以母亲河的伟力，浇灌出片片绿洲点缀河西走廊。

黑河是河西走廊中部地区的生命线，流域内有 200 多千米长的天然绿色屏障。古城张掖也在黑河的孕育之下发展壮大，成为河西走廊中最大、最富庶的绿洲城市，张掖史上又称甘州，西汉时曾以"张国臂掖，以通西域"得名。作为一座历史文化名城，张掖更是丝绸之路上的商贾重镇和咽喉要道，因地势平坦、四季分明、土地肥沃、水量充沛、农业发达、物产丰富，又有"塞上江南""金张掖"之美誉（中国国家地理《祁连山——哺育河西走廊的生命之源》）。

黑河养育的不止一座古城，还有中国最美草原——祁连山草原，也称"夏日塔拉草原"，这里水草丰美，匈奴王、蒙古王、回鹘人曾在此选墓地，生活于此的游牧民族驮着帐篷，赶着畜群，在金色的花海中游荡，度过整个夏季和秋季。

从祁连山发源的大马营河向北进发滋养了焉支山，遇龙首山后又向西流淌，造就了世界上规模最大、历史最悠久的军马场——山丹军马场，自西汉开始，它就是历朝历代的军马饲养基地。

河西走廊绿洲平原是甘肃省重要的农业开发区和商品粮基地，是黑河中游水资源开发利用区。

在龙首山脚下向西转的黑河，一路又携卷山丹河、梨园河、摆浪河继续奔流，出正义峡过合黎山向北进入荒漠地带。

■右页上图　黑河大峡谷遥感影像图　青海省地理空间和大数据中心 / 制
■右页下图　蜿蜒在祁连山大草原的黑河　祁连山国家公园管理局 / 供图

深入沙漠，没于居延

黑河出了正义峡就进入下游，下游的黑河自古以来就称"弱水"。这里是大片的荒漠区域，气候干旱，蒸发量高而降水量低，沿河地带形成绿洲，是水资源消散区。

水量充沛的黑河，流至巴丹吉林沙漠的低洼处，形成大小不一的湖泊，滋养了丰茂的绿洲植被系统。成片的胡杨林是最具特色的景观，额济纳的天然胡杨林区规模仅次于新疆，是内蒙古西部荒漠中唯一的乔木林区，秋季额济纳胡杨林区的大片金黄色，成就了居延地区沙漠戈壁上独特的美景。

黑河在内蒙古又有"额济纳河"之称，额济纳河原是西夏党项语的译音，意为"黑水"。因额济纳河而得名的黑水城曾是西夏王朝设在北部边境的一座重要军事城堡，也是河西走廊通往漠北的必经之路和交通枢纽，战略地位极为重要；至元朝，黑水城发展繁荣，成为西部地区的军事、政治、文化中心和交通要冲。

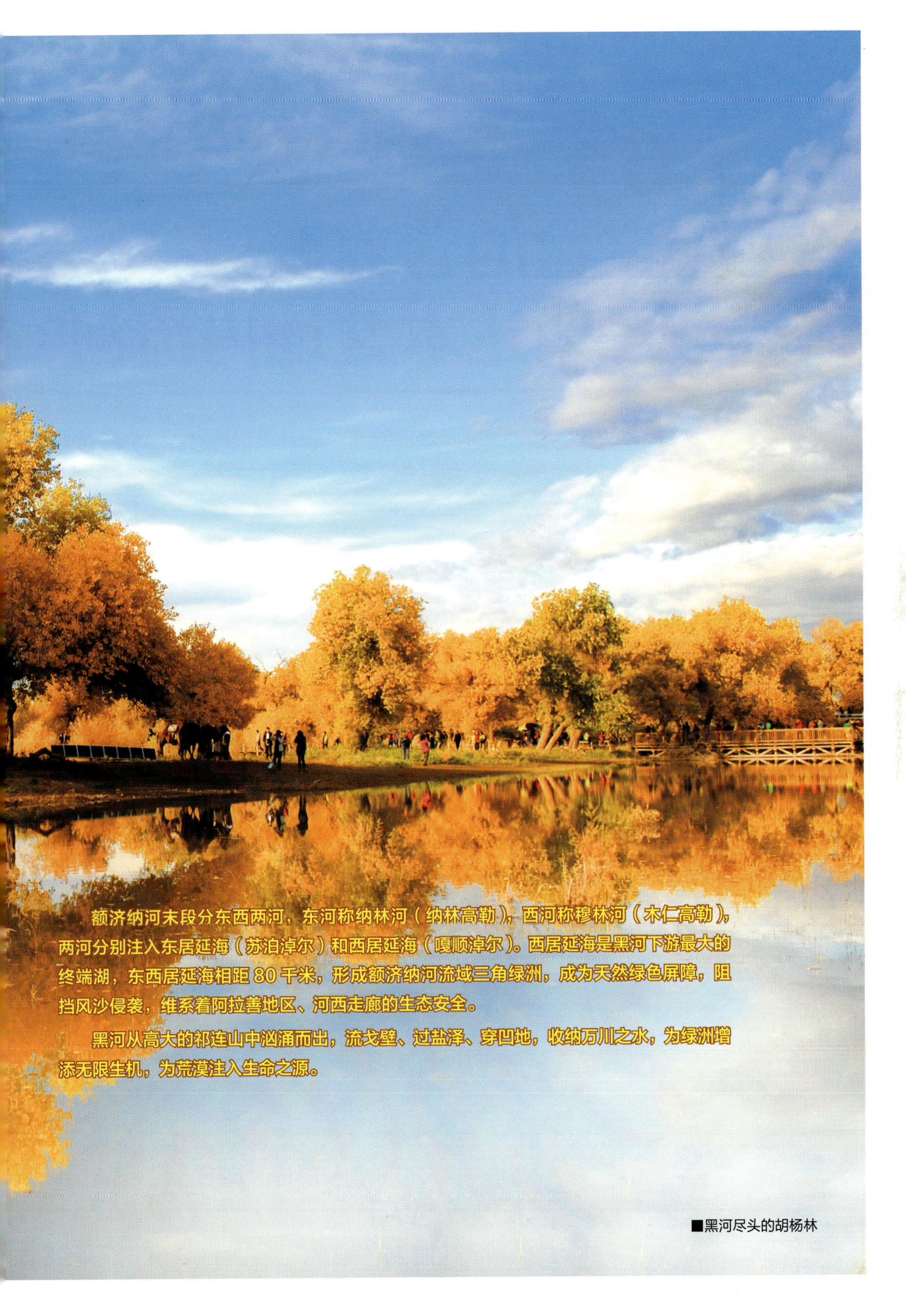

额济纳河末段分东西两河，东河称纳林河（纳林高勒），西河称穆林河（木仁高勒），两河分别注入东居延海（苏泊淖尔）和西居延海（嘎顺淖尔）。西居延海是黑河下游最大的终端湖，东西居延海相距 80 千米，形成额济纳河流域三角绿洲，成为天然绿色屏障，阻挡风沙侵袭，维系着阿拉善地区、河西走廊的生态安全。

　　黑河从高大的祁连山中汹涌而出，流戈壁、过盐泽、穿凹地，收纳万川之水，为绿洲增添无限生机，为荒漠注入生命之源。

■黑河尽头的胡杨林

第6节
聚宝盆的营养源
——柴达木盆地内流河

　　柴达木，蒙古语为"盐泽"之意，因盆地内富集矿产资源，尤其是储量丰富的盐类资源，让其有"聚宝盆"之称。那盆地盐湖中的水从何而来？丰富的矿物质元素从哪里来？这其中，河流的作用决不可轻视。

　　柴达木盆地是被昆仑山脉、阿尔金山脉、祁连山脉环绕所形成，面积28.6万平方千米，是中国三大内陆盆地之一。周边连绵不绝的大山发育出了包括著名的格尔木河、那棱格勒河、柴达木河在内的100余条大小河流。雨季，这些山脉的冰川融化形成水流，一路沿山而下形成河流，并在山脚形成了冲积扇，随后河流在柴达木盆地的荒漠肆意流淌，构成了纵横的辫状水系。而绿洲和城市就在这些冲积扇和河边诞生，河流成为滋润盆地的生命之源。

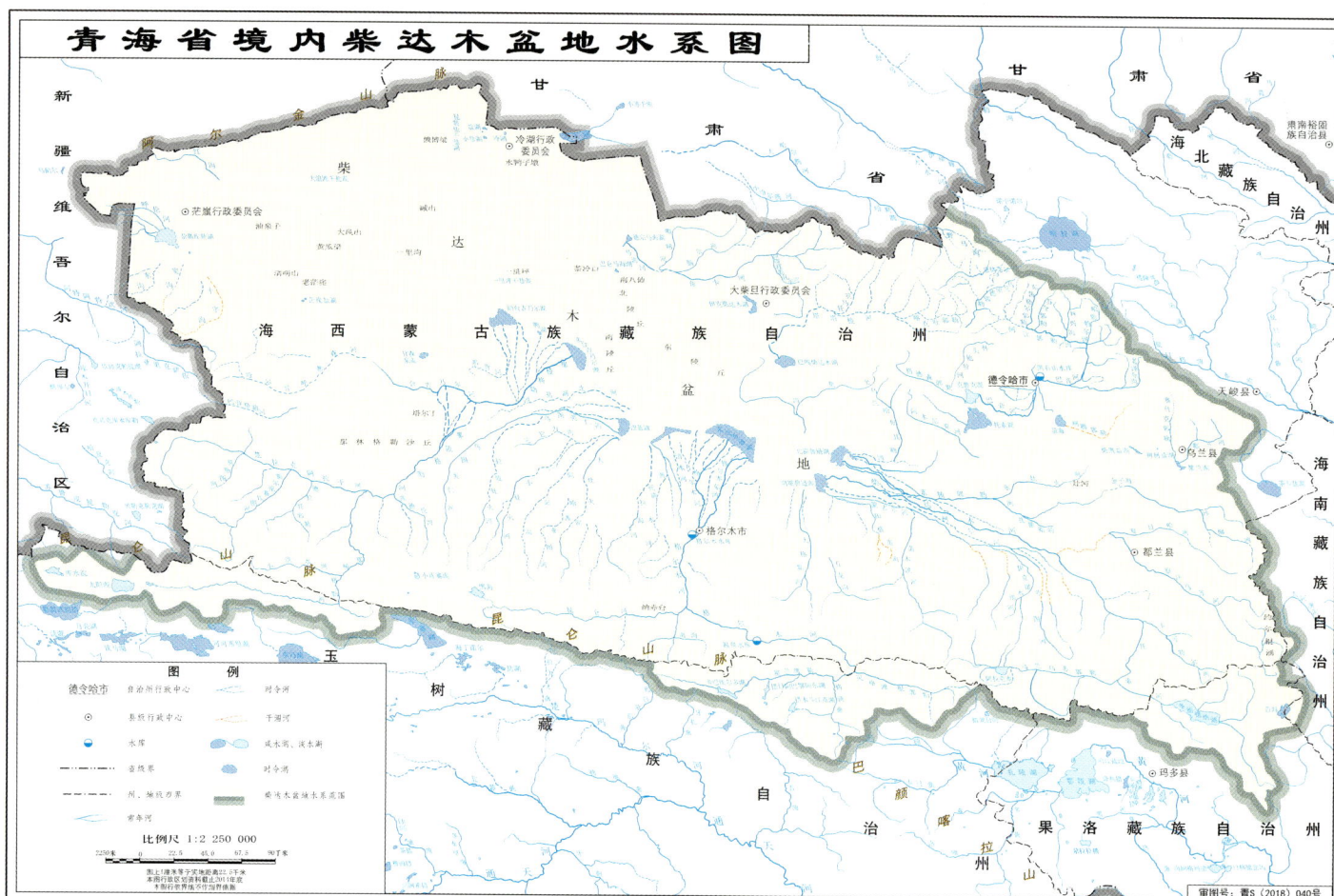

青海省境内柴达木盆地水系图

柴达木盆地内部并不平整，因为地质条件的不同形成多个次一级盆地，所以河流流进盆地后便形成多个水系，在河流下游往往形成湖泊、沼泽或潜没于沙漠戈壁中，河流在出山口后，水量一般逐渐减少或变为季节性河段或中途消失。盆地径流较大的河流主要有那棱格勒河、格尔木河、柴达木河、巴音河、察汗乌苏河等；湖泊主要有托素湖、达布逊湖、西台吉乃尔湖、东台吉乃尔湖、苏干湖、哈拉湖、尕斯库勒湖、尕海湖等。

由于是典型的内陆盆地，周边都是古老的造山型山脉，山脉中富集了很多的成矿元素。源于山脉的河流让那些易溶于水的元素从高处运向盆地中部，而后盆地中湖泊经过蒸发，盐度持续上升，再加上柴达木古湖盆留下的大量盐分，许多湖泊逐渐演变为类型丰富、储量巨大的盐湖。盐湖，成为了盆地最大的特点。据统计，目前柴达木有盐湖33个，是中国盐湖最密集的区域之一。

■柴达木盆地主要河流特征图

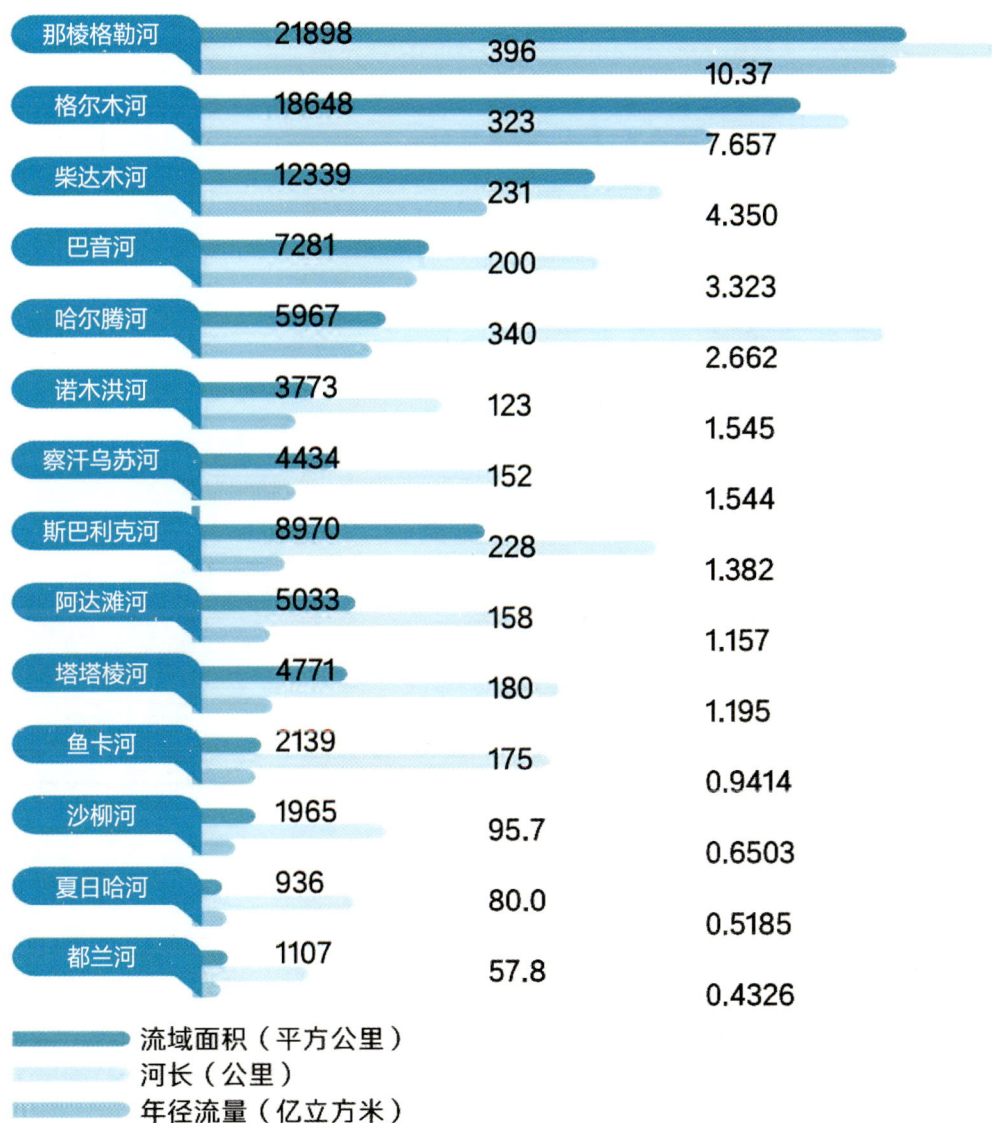

河流	流域面积（平方公里）	河长（公里）	年径流量（亿立方米）
那棱格勒河	21898	396	10.37
格尔木河	18648	323	7.657
柴达木河	12339	231	4.350
巴音河	7281	200	3.323
哈尔腾河	5967	340	2.662
诺木洪河	3773	123	1.545
察汗乌苏河	4434	152	1.544
斯巴利克河	8970	228	1.382
阿达滩河	5033	158	1.157
塔塔棱河	4771	180	1.195
鱼卡河	2139	175	0.9414
沙柳河	1965	95.7	0.6503
夏日哈河	936	80.0	0.5185
都兰河	1107	57.8	0.4326

■ 流域面积（平方公里）
■ 河长（公里）
■ 年径流量（亿立方米）

（资料来源：谭毅《柴达木盆地水系、地表水资源及其特点》）

123

盐泽绿洲之母——柴达木河

　　柴达木盆地名声在外，而以"柴达木"命名的一条河——柴达木河，却少有人听闻。但事实上，柴达木河是该盆地中最为重要的河流之一。它浇灌出盆地最肥沃的绿洲之一——香日德绿洲，使之成为京藏线上的一个重要驿站。

　　柴达木河发源于阿尼玛卿山西段的长石头山，干流全长534千米。河源分为东西两支，冬给措纳湖是东支的天然调蓄湖泊，冬给措纳湖以下至与西支汇合处称托索河；西支发源于内陆吞吐湖阿拉克湖，阿拉克湖至与东支汇合处称乌兰乌苏郭勒（红水川）；东西支汇合后称香日德河，河道出山口后流经180多千米的大片沼泽湿地，最终注入盆地底部的南霍布逊湖。

　　不同于盆地中的其他水系，柴达木河源头的两个湖泊吞吐调蓄着河流，稳定地提供着淡水资源，这也造就了中游香日德镇肥沃的土地，让香日德有"柴达木第一镇"的称号。更为人称道的是，柴达木河从山区奔涌而下，流进广阔的柴达木盆地后，最后的归宿竟然也是两个湖——南、北霍布逊湖。霍布逊湖盐矿资源丰富，是构成察尔汗盐湖的四大湖区之一。从湖中来，再回到湖中去，让柴达木河增添了一丝神秘。

　　此外，柴达木河还是一条极具观赏性的"红水河"。其自昆仑山发源的西源，汇入阿拉克湖，再从阿拉克湖流出，因夹带沿河附近的大量红色泥沙，使得河水变成了红色，当地蒙古族同胞给它起名叫"乌兰乌苏"，即"红色的水"之意。柴达木河在青藏高原上形成了一道罕见的红河谷景观。

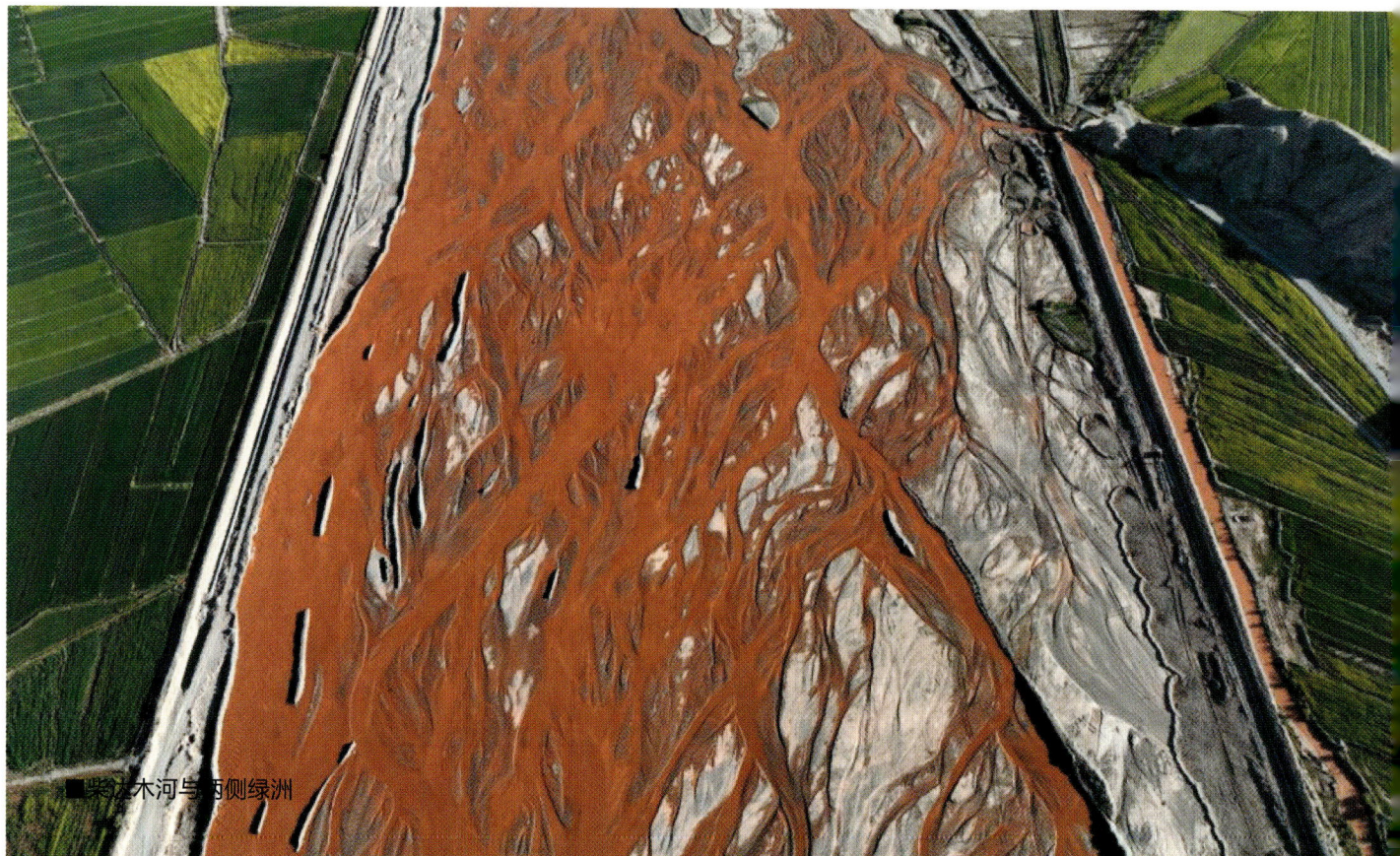

■柴达木河与西侧绿洲

那棱格勒河

　　那棱格勒河，河长 575 千米，是柴达木盆地流域最广、流量最大、流程最长的内陆河。它源于昆仑山脉阿尔格山的雪莲山，一河雪水向北流，从西南到东北依次流经高山、丘陵、戈壁、沙漠、绿洲和沼泽后大部汇入台吉乃尔湖区。

　　说起台吉乃尔盐湖，可能很多人并不陌生，台吉乃尔盐湖位于柴达木盆地中部，是我国众多盐湖中富含锂和硼的盐湖之一。该湖与西台吉乃尔盐湖、一里坪盐湖和察尔汗盐湖别勒滩段构成了中国最大的现代盐湖锂矿床分布带。其中，东台吉乃尔盐湖锂矿床氯化锂孔隙度储量 284.78 万吨、三氧化二硼孔隙度储量 163.79 万吨、氯化钾孔隙度储量 1828.91 万吨，锂矿储量已经达到超大型规模，硼矿储量也已达到特大型规模。

　　同样都是汇水中心，那为何台吉乃尔湖区的锂、硼含量如此之高呢？这与那棱格勒河有着密不可分的联系。研究发现，那棱格勒河的源头分支红水河所流经的地方刚好可以接受勒斜武担湖和西金乌兰湖等可可西里盆地的地下潜流补给。而这些湖区刚好常年接受大量冰川融水和大气降水的补给，尤其是从昆仑山深断裂带中循环的锂含量极高的热泉水补给。那棱格勒河河水携带大量的有益元素，常年补给东台吉乃尔湖、西台吉乃尔湖和一里坪盐湖，成为造就这含锂硼富矿区带的重要原因。

■那棱格勒河下游的水上雅丹　焦生福 / 摄

一城双湖的背后——巴音河

巴音河，蒙古语意为"富饶之河"；
德令哈，蒙古语意为"金色的世界"。

海子的一句"姐姐，今夜我在德令哈"，让戈壁小城成为无数人魂牵梦绕的地方。而巴音河就是自然对这片"金色的世界"土地的特别恩赐。巴音河发源于祁连山支脉野牛脊山和哈尔科山南坡，全长 323 千米，是柴达木盆地北部祁连山脉水系中最大的一条河流。

巴音河在祁连山区，由于地势陡峭、水流速度较快，携带了大量的砾石和泥沙。当水流流出山口，由于地势变缓、水流变慢，携带的泥沙大量在出山口沉积，形成以冲洪积扇为主体的德令哈盆地和蓄积盆地。而在扇体最前方，大量出露地下水，是当地聚落和农业的主要分布区，是德令哈所在的地方，巴音河穿德令哈而过。可见，德令哈和巴音河相依相伴，巴音河成为德令哈的母亲河。

流出德令哈市区的巴音河继续向低处行进，神奇的是，巴音河之后突然消失在了戈壁中，而在 20 千米外的戈壁滩，巴音河又出现了。原来是河水在城南的戈壁滩上形成潜流，而后又溢出成形成两股河流。其中一股流向东面造就尕海湖，另一股流向了可鲁克湖。在这里，巴音河最终停下脚步，造就了两个戈壁湖泊——可鲁克湖和托素湖。

可鲁克湖和托素湖是典型的高原内陆湖，周围是一望无际的戈壁滩，两个湖虽然相距很近，但有着截然不同的生态环境。两湖留下一段美丽浪漫的爱情传说，千百年来成了当地人们传颂的情人湖。巴音河的水在可鲁克湖中回旋之后，从南面的低洼处，流入与它相通的托素湖。可鲁克湖属于微咸性淡水湖，湖床低洼不平。巴音河的水常年带着大量的牛羊粪和其他有机物注入湖内，使湖底变得泥质肥厚，浮游动物丰富，所以湖中鱼类很多。而托素湖则是典型的内陆咸水湖，水生动植物和浮游动植物很少，她的周围全是茫茫的戈壁滩。如今，这对情人湖声名远扬，可鲁克湖绝美的景色和肥美的水产品，托素湖寂静的美和湖畔的外星人遗址，吸引着越来越多的人走近它们。

巴音河在戈壁大漠中滋养了绿洲、草原、湿地，让德令哈附近成为柴达木盆地中生物多样性最丰富的地方。托素湖和克鲁克湖湿地被列入国家重要湿地名录，2000 年被确定为以水禽和湿地生态系统为保护对象的青海省自然保护区，栖息着 100 多种鸟类。

■右页上图　巴音河流域遥感影像图　马生福／摄

■右页下图　可鲁克湖　焦生福／摄

可鲁克湖

托素诺尔

巴音河

德令哈市

尕海

■即将冲出高山的格木河　马生福／摄

盐城之父——格尔木河

　　"格尔木"为蒙古语音译，意为河流密集的地方，河因地名而得名。格尔木河位于柴达木盆地南部，全长 483 千米，发源于唐格乌拉山的刚欠查鲁马雪山南麓，蜿蜒在昆仑山的群山中，向昆仑山口流去，在雪水河末与昆仑河交汇向北流去，称为格尔木河。出山后经过冲洪积倾斜平原，穿格尔木市区流向东北，经过盐沼泽、湖积平原等地貌，最终注入察尔汗盐湖中南部的达布逊湖。

格尔木市区就位于格尔木河冲出的冲积平原上。格尔木是 20 世纪 50 年代因青藏公路修建和柴达木盆地资源开发而迅速崛起的一座新兴工业城市，这座城市的兴衰与格尔木河息息相关。格尔木市战略地位十分重要，有"瀚海码头"之称，是进藏入疆、通甘联川的交通要道，西北地区重要的交通枢纽，而这枢纽的背后正是格尔木河的滋养和哺育。

而在格尔木河的末端，便是著名的察尔汗盐湖。察尔汗盐湖钾、钠、镁、锂、硼、铷等各种盐类资源储量达 6×10^{10} 吨，是我国目前探明的最大钾镁盐矿，也是世界著名的大盐湖之一。其中的氯化钾、氯化镁、氯化锂探明资源储量分别占全国的 50%、90% 和 50%，潜在经济价值数十万亿元。格尔木河作为察尔汗盐湖最主要的补给河流，极大地影响着该盐湖的成盐演化过程。河湖相依在柴达木成为常态。

■察尔汗盐湖 蔡征/摄

第四章

山水实践课

■昆仑雄风　焦生福 / 摄

第 **1** 节
识山认水知青海

教学目标

1. 了解青海地貌格局，熟悉青海的山系和水系分布；

2. 培养学生阅读、运用地图的能力，激发学生对地理事物的观察、记忆、想象能力；

3. 进行国情国策、爱国主义教育，培养学生实事求是的科学态度，初步树立正确的环境观、资源观、生态观；

4. 培养学生积极的学习态度，科学的学习方法，健康的思想情绪。

教学对象

适宜人群：小学高段—初中全段（8~15岁）。

建议人数：20~30人。

教学准备

地点准备：室内教学，多媒体教室或教学区为佳。

材料准备：（1）教学用PPT;（2）青海省地形图；（3）青海省地形填图卡；（4）青海省地貌拼图。

教学过程

一 漫谈山水第一印象

学生以5~6人为一组分成若干小组，每小组提供一张白纸和一支笔，几个小组同时开始在白纸上写下自己所知道的山脉、河流的名称或者与山水有关的名词，小组内成员轮流写，计时3分钟。

教师根据学生所写内容挑选其中词汇依次与学生互动，让学生对自己所写的山脉、河流进行简单描述，或者谈论自己的认识、感受等。

二 从汉字的演变感受山水之美

展示"山"和"水"两个汉字的甲骨文、金文、小篆、隶书、楷书、行书、草书到宋体的字体，让学生观察字形的演变，分析字形变化的规律及每种字体体现的特点，感受不同字体展示的山水的形象差别。

山字最早出现在甲骨文中，像山峰并立的形状，这是远古先民用"远取诸物"的办法所创造的一个很原始也很典型的象形字。"水"字最早见于甲骨文，形态各异而基本形体都像水蜿蜒流动的形状。后续的金文、小篆、隶书、楷书都以甲骨文为基础而演变。从字形上看，山具有硬朗之美，雄伟壮阔；水具有流畅之美，婉转细腻。

■山水汉字演化图

三 共话山宗水源之地

山，是大地骨架；水，是土地脉络。山川河流造就了土地的基本地貌形态，山宗水源又该从何说起？（问题式引出，探讨山宗水源的含义）

引出同学们耳熟能详的"夸父逐日""共工触不周山""西王母不死药""后羿射日""嫦娥奔月""女娲补天"等昆仑神话。（让学生们依次讲述自己所了解的神话故事，教师最后补充总结。）

作为中华民族古典神话重要部分的昆仑神话，内容丰富、保存完整、影响深远，前面提到的神话故事的发生地都在昆仑。因此昆仑山有"万山之宗"的称号，即为山宗。而现代黄河确实也是从昆仑山发源的，因此又是"江河之源"，即为水源。

四 从地图再知青海山水

展示青海省的地形地貌图，教师指导学生了解青海省的地形、地势、地貌特点，让学生对青海地形地貌有初步的认识。

青海省地势图

1:5 000 000

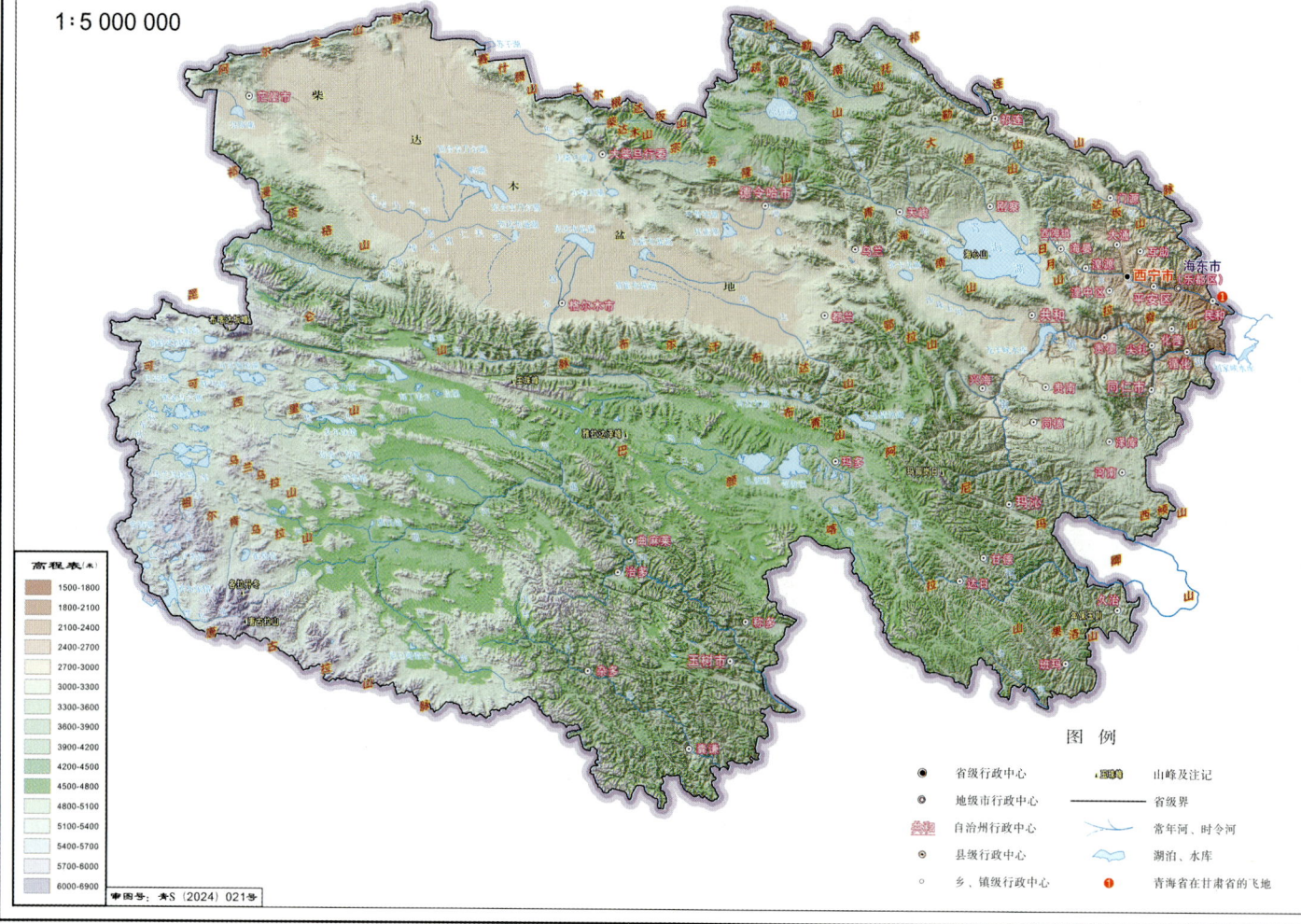

高程表/米

	1500-1800
	1800-2100
	2100-2400
	2400-2700
	2700-3000
	3000-3300
	3300-3600
	3600-3900
	3900-4200
	4200-4500
	4500-4800
	4800-5100
	5100-5400
	5400-5700
	5700-6000
	6000-6900

审图号：青S (2024) 021号

图 例

◉ 省级行政中心	▲闷摩角 山峰及注记
◎ 地级市行政中心	—— 省级界
鲁鲁 自治州行政中心	〜 常年河，时令河
⊙ 县级行政中心	〜 湖泊、水库
○ 乡、镇级行政中心	❶ 青海省在甘肃省的飞地

■青海地形地貌图

　　　　青海的地貌基本格局呈北西西—南东东走向，地貌单元基本上沿纬线方向带状分布。自北向南有三大山系，最北边为阿尔金—祁连山山系，中部是昆仑山系，最南边是唐古拉山系。这些近乎东西走向的高大山脉，是重要的自然地理分界线和行政区划界山。阿尔金山是青海与新疆的界山，祁连山构成最北边与甘肃省的分界线，唐古拉山最南端构成与西藏的分界线。昆仑山横贯其中，将青海分成北侧柴达木盆地所在的"聚宝盆"和南侧可可西里、三江源地区。在昆仑山以南、唐古拉山以北的青南高原上有长江、黄河、澜沧江三条大河，她们从青海发源，一路奔腾不息。三条西北大型山脉，流淌万里的三条大河，资源丰富的柴达木盆地，野生动物的家园可可西里，构成了我们熟知的青海。

1. 地形填图

以青海省地形图为基础，去除各个地理要素的名称，留以空白，让学生在地形图上将每个山川、每条河流的名称填在对应的位置。

青海省重要地理地貌填图卡

图中填写内容：祁连山脉、昆仑山脉、巴颜喀拉山脉、唐古拉山山脉、青海湖、黄河

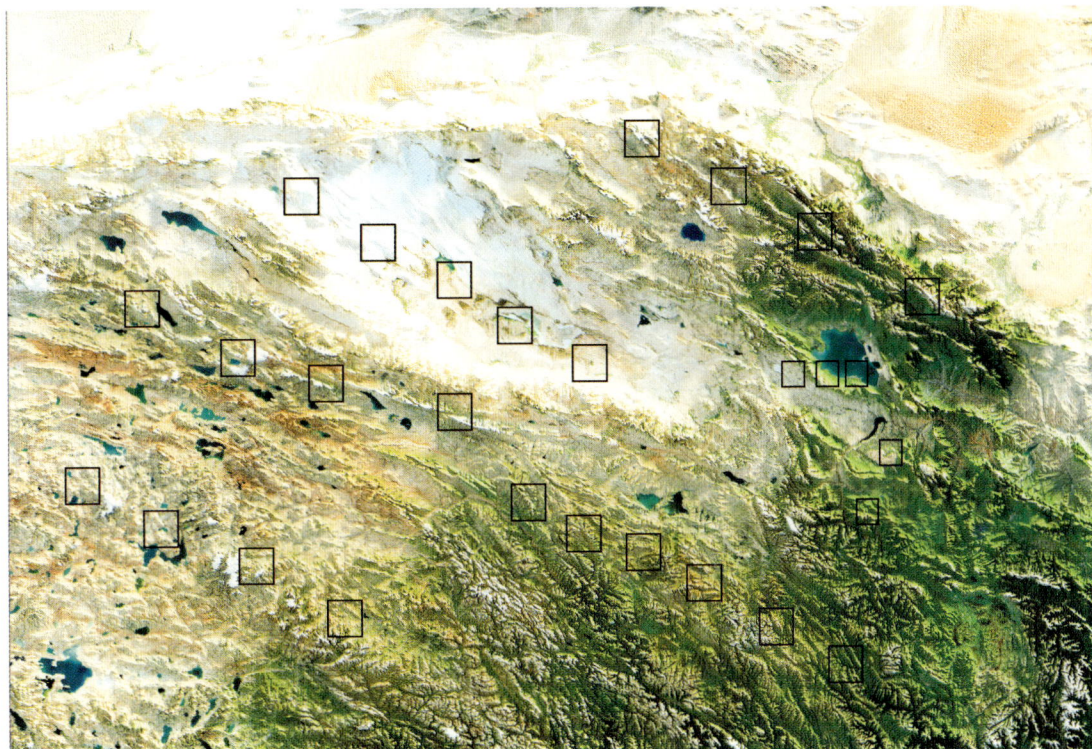

填写人：

2. 地貌拼图

以青海省地形图为基础，制作地貌单元拼图。活动前，教师提前布置活动任务，让同学们对地形图进行记忆，熟悉青海省地貌单元的基本轮廓和相对位置。活动开始后，让学生以小组为单位完成拼图，将打乱的青海省地貌版图恢复原样。

3. 设计旅游路线图

在完成"地形填图""地貌拼图"的基础上，鼓励学生尝试设计一条游览青海山水的线路图，并在线路上标记出你认为的宝藏地点。教师对学生设计的线路图进行点评，选出最佳线路图设计者，并让这位学生讲述自己的设计原理和思路，介绍宝藏地点。

第2节 山脉的形成

教学目标

1. 通过山脉的形成，促进学生认识人与地理环境之间的正确关系。

2. 培养学生认识山脉、山区地理环境及基本的人地关系的思维方式和能力。

3. 在不同尺度对山脉的变化加以认识。培育学生建立地理空间观念，认识不同地理要素之间的联系。

4. 通过地理实验、动手制作等常用的地理研究方法，培育学生地理实践力。

教学对象

适宜人群：小学高段至初中全段（8~15岁）。

建议人数：20~30人。

教学准备

地点准备：室内教学，多媒体教室或教学区为佳。

知识准备：演示用 PPT，含不同山脉形态的图片，板块运动、山脉形成、山区地貌等内容及板块运动视频材料。

材料准备：玻璃、酒精灯、试管夹、气球、烧杯、水、小石子、砖块、酸溶液等。

教学过程

一　运动的板块

1. 实验演示

用淀粉糊，泡沫块，酒精灯分别进行模拟：酒精灯——地球内部的热量，淀粉糊——岩浆，泡沫块——地球板块。在玻璃容器中加热酒精演示板块运动。

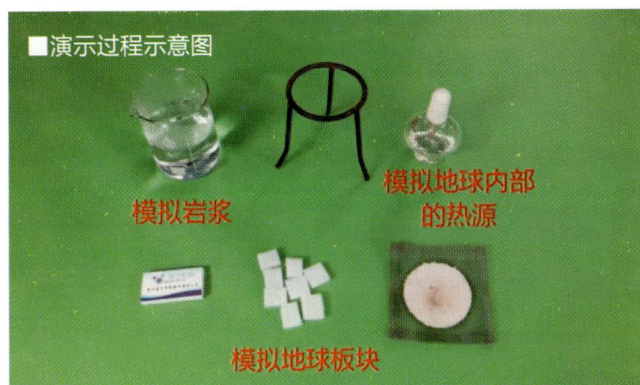

■演示过程示意图

模拟岩浆　　模拟地球内部的热源　　模拟地球板块

是什么让泡沫块运动起来的？　　**实验结论**

沸腾的水

泡沫块运动的力量来自于哪里？

水的对流

地球内部炽热的岩浆在地球内部形成对流圈，在高温高压的作用下，岩浆推动着地球板块的运动。地球板块的运动引发了山海变换、大陆漂移、火山和地震等现象。

距今1.2亿年

2. 视频演示

演示地球板块运动的纪录片短片，内容包括板块运动、碰撞。

主要涉及知识点：地球地壳由亚欧板块、美洲板块、非洲板块、太平洋板块、印度洋板块和南极洲板块这六大板块构成，且山存在于地球表面。地壳板块内部是相对稳定的，但各板块并非固定不动，它们一直处于不断的运动之中，尤其是板块与板块之间的交界处，是地壳活动非常活跃的地带，这里的地壳极不稳定。这些板块在不断运动的过程之中会发生撞击、挤压、张裂。这些板块的撞击和挤压就会形成山脉，也就是我们看到的高山。

二　隆升的山脉

学生分组，组内用超轻黏土制作区域地层，演示在区域地层受到挤压导致山脉隆升。

主要过程：

1. 将三块超轻黏土拉成长条状；

2. 将三块不同颜色的黏土叠在一起，分别模拟地壳、地幔和地核（自上到下）；

3. 将手放在黏土两侧，用力往内挤压，观察"地层"变化；

4. 挤压后，地质层呈现出山的形状。

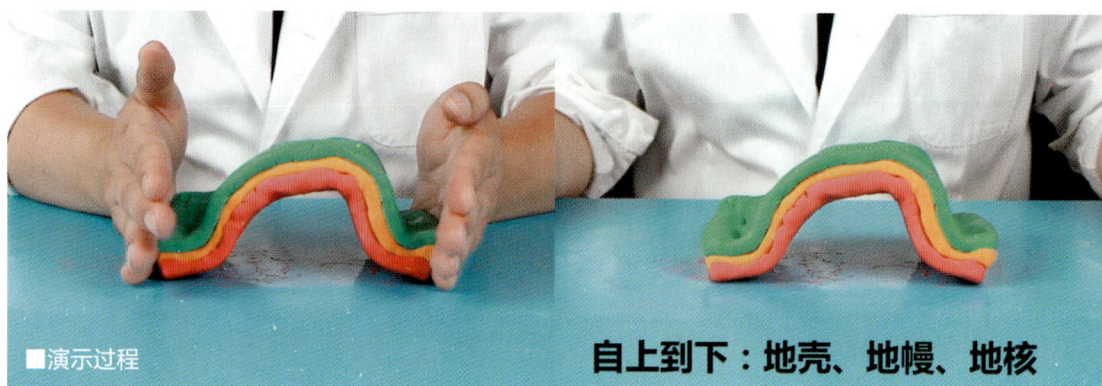

■演示过程　　　　　　自上到下：地壳、地幔、地核

三　制作自己的山体模型

教师演示常见山体模型。学生分组自主发挥，制作山体模型并做展示。

主要涉及知识点：山脊、山谷、鞍部、山顶、陡崖、盆地等知识点，等高线及表示。

山脊：是山体中像脊一样凸起较高的部分。山脊特点是：中间高、两侧低。

山谷：是山体中狭窄低凹的部分。山谷特点是：中间低、两侧高。

鞍部：是两山间的平缓部位。鞍部两侧山峰之间连线的切面，为向下弯曲的弧形，两边高、中间低，类似于马鞍的前后。

山顶：是山体最高部位，四周海拔均低于山顶。

陡崖：陡崖是陡峭的山崖，垂直落差大。

盆地：是地球表面相对长期沉降的区域。盆地比周围区域的海拔低。

■学生制作的山体模型图

第3节
游山，看河

研学目标

1. 能用多种方法观察岩石，通过观察岩石特点的活动过程，获得观察岩石的基本方法及技能，并能根据岩石的特征鉴别岩石的大概种类。

2. 通过研学活动，培养学生认识地理环境及人地关系的思维方式和能力。并在实践中树立求真务实、开拓创新的科学精神。

3. 通过实地探究，带领学生认识周边山脉和黄河，引导学生培育区域认知，助力学生建立空间观念，并增强学生热爱家乡的情感和对世界的理解。

4. 实地研学、观察和认识真实的地理环境，有助于学生在真实环境中做到知行合一，培养学生不畏困难的勇气。

研学对象

适宜人群：小学高段至初中全段（8~15岁）。

建议人数：20~30人。

研学准备

行前准备：车辆及人员确定、路线规划（含餐食点）、导师配置（含安全、监督、后勤等）、安全培训等。

材料准备：按组准备画板、地质锤、放大镜、无人机、演示电脑等。

研学过程

一　室外研学点位一：认识拉脊山

研学地点：拉脊山垭口、贵德尕让千户村。

研学内容：实地考察拉脊山，探究山脉形成。

内容说明：拉脊山，位于西宁市区南部，贵德与湟中的界山，由西向东蜿蜒，最高峰海拔 4524 米，属日月山支脉，海拔 3800 余米的拉脊山山口地理位置重要，宁果公路穿越而过，山口南侧还有通往湟源的公路。拉脊山属祁连山山系，为典型的褶皱山。

■拉脊山　马生福／摄

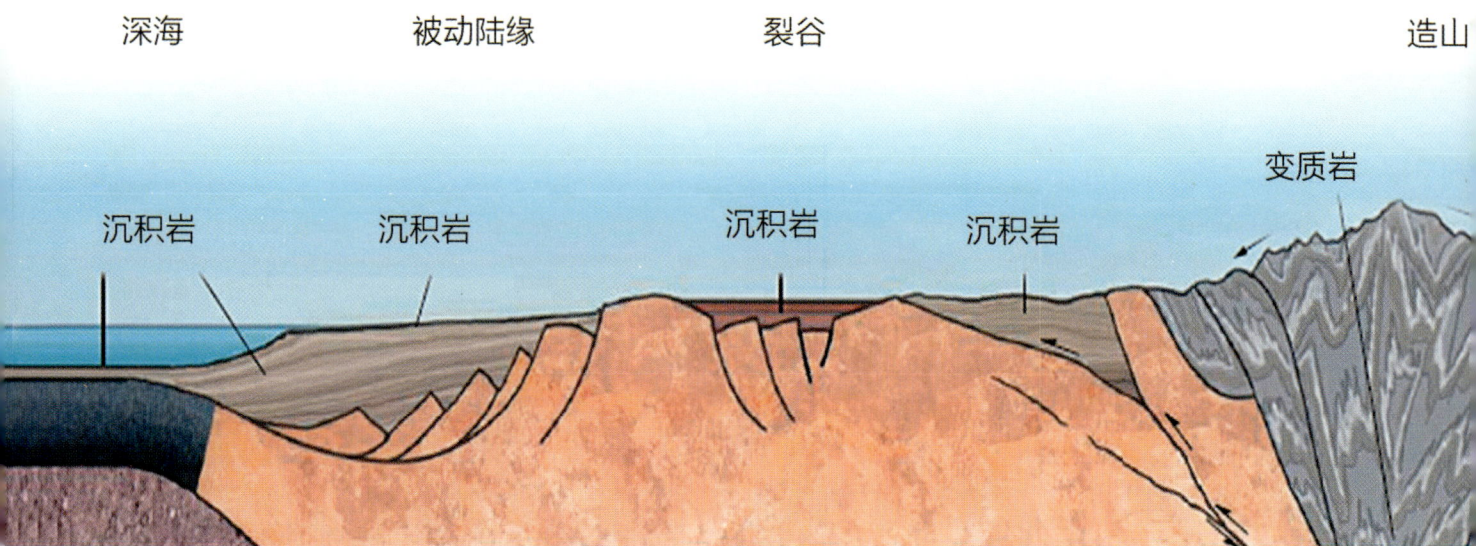

深海　　　　　被动陆缘　　　　　裂谷　　　　　造山

变质岩

沉积岩　　　沉积岩　　　　沉积岩　　　沉积岩

■野外三大岩产出环境示意图

二　室外研学点位二：路途识别三大岩

研学地点：拉脊山垭口、拴马桩。

研学内容：三大岩及野外识别。

岩石是地球表面构成地貌、形成土壤的物质基础，也是地球上生命赖以生存的物质基础。在拉脊山垭口、拴马桩等地根据演示野外特征区分三大岩。

根据成因不同，可将岩石分为岩浆岩、沉积岩和变质岩三大类。在野外，可以根据岩石的外观特征如颜色、结构、构造以及粒度、圆度、球度等用肉眼判断是哪一类岩石。

观察岩石的颜色；观察岩石的结构特点：岩浆岩的结构是有棱角的，而沉积岩因为经过了沉积搬运，所以颗粒边界有一定的圆度，而且颗粒之间充填了一些泥状物质；观察岩石的硬度。

各种岩石的软硬程度不同，我们这里把岩石硬度分成很硬、较硬、较软三级，用小刀刻不动的岩石是很硬；用小刀刻得动，用铜钥匙刻不动的是较硬；用铜钥匙刻得动的是较软。学生用小刀、铜钥匙分别刻划岩石。

火山弧　　　　　　　　俯冲带　　　　　　　　大洋中脊

火成岩

沉积岩　　　　　　　　　　　变质岩　　　沉积岩　　　　火成岩

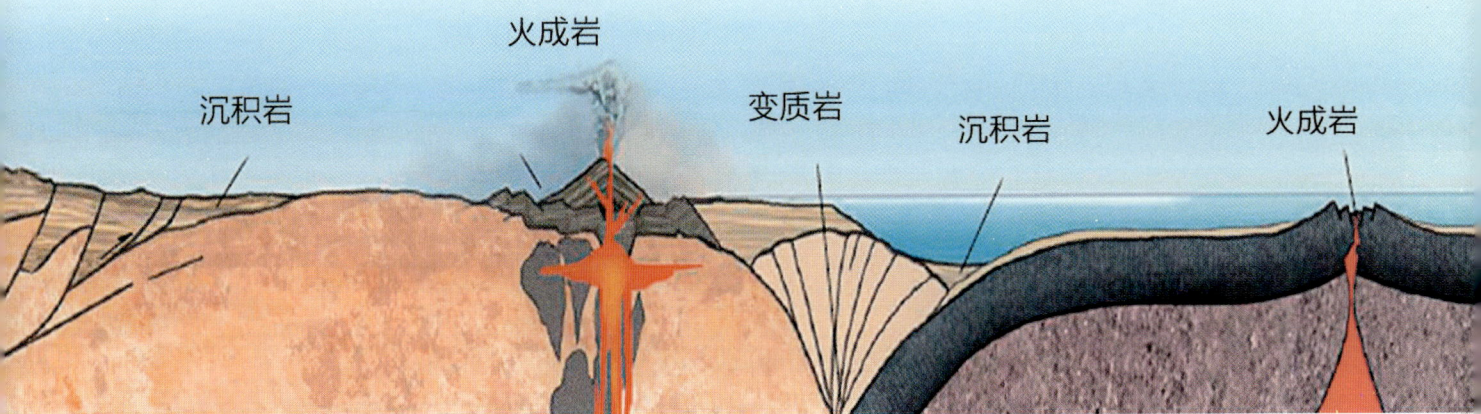

三　室外研学点位三：走近丹霞世界

研学地点：青海贵德国家地质公园。

研学内容：丹霞地貌、丹霞地貌形成。

研学老师带领学生在青海贵德国家地质公园通过游览、讲解等方式认识丹霞地貌。

内容说明：贵德国家地质公园是以自然地貌景观和地质遗迹为主要特征，辅以多样生态景观和丰富人文景观的一个综合性地质公园。景区内丹霞地貌悠久奇特，山峰突兀林立，地质造型古怪神奇，山体色彩呈七种颜色，故又称"七彩峰丛""轩辕后土"。

丹霞地貌被认为是红层侵蚀地貌，其外动力作用主要包括流水侵蚀与溶蚀、风化、重力和生物作用等。其中，流水是塑造丹霞地貌的主动力，主要通过下蚀和侧蚀作用对红层进行破坏，形成侵蚀景观。

■贵德国家地质公园 青海省自然资源博物馆 / 供图

四 室外研学点位四："清清"黄河我来了

研学地点：贵德黄河大桥。

研学内容：黄河贵德段、河流地貌。

研学老师带领学生在贵德黄河边认识黄河地貌，通过绘图、无人机投屏等方式认识河流地貌。

内容说明：黄河贵德段由西部龙羊峡进入贵德盆地，经拉西瓦峡、三河河谷盆地至松巴峡出境，呈弓形在贵德境内流经。由于黄河进入贵德前流经的大多是基岩峡谷，带入黄河的泥沙含量较少，通过龙羊峡、拉西瓦水库的层层过滤，加之贵德盆地植被良好，所以黄河贵德段清澈湛蓝，有"天下黄河贵德清"之美誉。

河流地貌是河流作用于地球表面所形成的各种侵蚀、堆积形态的总称。黄河流经贵德盆地时，形成了类型丰富、种类繁多的河流地貌，包括河漫滩（平原）、洪积—冲积平原、河口三角洲等堆积地貌，侵蚀河床、阶地、溯源侵蚀等侵蚀地貌。

■贵德黄河地貌　青海省自然资源博物馆/供图

■贵德黄河地貌　青海省自然资源博物馆 / 供图

■贵德黄河地貌　青海省自然资源博物馆 / 供图

主要参考文献

［1］张忠孝等 . 青海地理 [M]. 西宁 : 青海人民出版社 .2004.

［2］左建，孔庆瑞 . 地质地貌学 [M]. 北京 : 中国水利水电出版社 .2019

［3］梁成华 . 地质地貌学 [M]. 北京 : 中国农业出版社 .2002

［4］中国科学院青藏高原综合科学考察队 . 喀喇昆仑山—昆仑山地区自然地理 [M]. 北京 : 科学出版社 ,1999.

［5］青海省水利厅 . 青海河湖概览 [M]. 武汉 : 长江出版社 .2018.

［6］郑杰等 . 中国湿地资源·青海卷 [M]. 北京 : 中国林业出版社 .2015.

［7］青海省测绘地理信息局 . 青海省第一次全国地理国情普查基本统计报告［R］.2017.

［8］郑永飞，陈伊翔等 . 汇聚板块边缘构造演化及其地质效应柱［J］. 中国科学 : 地球科学，2022,52(07) : 1213-1242.

［9］许志琴、青藏高原——造山的高原［J］. 地质学报 .2013，87.

［10］丁林，李震宇等 . 青藏高原的核心来自南半球冈瓦纳大陆［J］. 中国科学院院刊，2017,32(09) : 945-950.

［11］蔡海磊，蔡雄飞，顾延生 . 昆仑山何时开始隆升［J］. 海洋地质动态，2007(05) : 7-10+16.

［12］刘时银，姚晓军，郭万钦等 . 基于第二次冰川编目的中国冰川现状［J］. 地理学报，2015,70(01) : 3-16.

［13］孙鸿烈，郑度 . 喀喇昆仑山—昆仑山地区综合科学考察［J］. 中国科学基金 .1990(02) : 1-6.

［14］宋述光，吴珍珠，杨立明 . 祁连山蛇绿岩带和原特提斯洋演化［J］. 岩石学报，2019,35(10) : 2948-2970.

［15］仲新 . 古诗的地学解读——明陈棐之《祁连山》［J］. 国土资源科普与文化，2020(03) : 48-51.

［16］孙美平，刘时银，姚晓军 . 近 50 年来祁连山冰川变化——基于中国第一、二次冰川编目数据［J］. 地理学报，2015,70(09) : 1402-1414.

［17］许娟，张百平，朱运海．阿尔金山—祁连山山地植被垂直带谱分布及地学分析［J］. 地理研究，2006(06)：977-984+1145.

［18］徐叔鹰．唐古拉山上新世至第四纪古地理环境的演变（以山口地区为例）［J］. 第四纪研究，1985(01)：73-81.

［19］张威，赵贺．唐古拉山中西段冰川槽谷形态及其影响因素分析［J］. 冰川冻土，2022,44(04)：1337-1346.

［20］李海兵，杨经绥，许志琴．阿尔金断裂带对青藏高原北部生长、隆升的制约［J］. 地学前缘，2006(04)：59-79.

［21］艾山江·阿不都赛买提，李真．阿尔金山国家级自然保护区冬、夏季气象状况分析［J］. 冰川冻土，2014，36(06)：1465-1470.

［22］阿尔金山及其毗邻地区构造地貌的形成和演化［J］. 地理研究，1994(03)：9.

［23］赵希涛，贾丽云，胡道功．青海共和贵德两盆地间上新世黄河古河道的发现——兼论龙羊峡形成与"共和运动"［J］. 地球学报，2020，41(04)：453-468.

［24］Wang Xin, Hu Gang, Saito Yoshiki, et al. Did the modern Yellow River form at the Mid-Pleistocene transition ？［J］.Science Bulletin.2022，67(15)：1603-1610.

［25］赵卿宇，肖国桥，李辉．黄河源地区的河谷地貌特征及其对黄河上游形成和演化的启示［J］. 第四纪研究，2019，39(2):339-349.

［26］侯光良，许长军，肖景义．基于 GIS 的 4kaBP 气候事件前后甘青史前遗址分布分析［J］. 地理科学，2012，32(01)：116-120.

［27］周存云．黄河文明中的河湟史前文化［J］. 青海党的生活，2020(10)：56-61.

［28］青海省测绘地理信息局．三江源科学考察地图集 [M]. 北京：中国地图出版社，2015 年.

［29］陈进．以三江源为例探讨江河源头确定原则［J］. 长江科学院院报.2016,33(03)：23-28

［30］毛发新．钱塘江河源的确定［J］. 地理研究.1987(01)：21-30.

［31］李志威，吴叶舟，胡旭跃等．长江源辫状河群相似性分析［J］. 泥沙研究，2020,45(04)：13-20.

［32］蔡振媛，覃雯，高红梅．三江源国家公园兽类物种多样性及区系分析［J］. 兽类学报，2019，39(04)：410-420.

［33］郑洪波，魏晓椿，王平等．长江的前世今生［J］. 中国科学：地球科学，2017，47(04)：385-393.

［34］长江源各拉丹冬地区冰川变化遥感监测分析［J］. 人民长江，2018,49(04)：34-39.

［35］胡光印,董治宝,逯军峰.近30年来长江源区沙漠化时空演变过程及成因分析［J］.干旱区地理,2011,34(02):300-308

［36］张欢,杨雪,白福等.1987—2020年长江源园区湖泊面积变化特征及气候影响分析［J］.青海科技,2022,29(05):45-50+91.

［37］顾纯.澜沧江——一条南流大江的魅力森林与人类［J］.2019(08):24-29.

［38］周天元,王宇航,文菀玉等.三江源国家公园湿地水文连通性初步研究［J］.湿地科学,2020,18(03):343-349.

［39］韦晔.昂赛动物——澜沧江源头的约会［J］.森林与人类,2019(03):36-49.

［40］王妍.国家公园体制内自然、人与权力的研究——以三江源杂多县昂赛乡为例［D］.中央民族大学.2021.

［41］张焕新.青海囊谦县文化旅游资源特征及发展建议［J］.科技和产业,2023,23(09):146-150.

［42］窦全慧.青海省囊谦县维管植物多样性、区系组成及保护现状［J］.青海师范大学学报(自然科学版),2023,39(02):40-45.

［43］何启欣,曹广超,曹生奎等.香日德—柴达木河流域水体氢氧稳定同位素特征及影响因素研究［J］.干旱区研究,2022,39(03):820-828.

［44］高敏、东文赟、杨尚明等.东台吉乃尔盐湖锂盐资源开发利用分析［J］.科技风.2018(22):111.

［45］李建森,凌智永,山发寿.东昆仑山南、北两侧富锂盐湖成因的氢、氧和锶同位素指示［J］.湿地科学.2019,17(04):391-398.

［46］杨炳超,顾小凡.青海省巴音河流域地下水对河流洪水入渗的响应特征研究［J］.水利与建筑工程学报.2021,19(04):180-185.

［47］熊增华,王石军.察尔汗盐湖资源开发利用现状及关键技术进展［J］.化工矿物与加工.2021,50(01):33-37.